JN208832

ishisak

70th anniversary issue. Ishisaki Kagu Inc. since 1946. Toyama, Japan.

ゆずり葉シリーズ

木と親しんで70年

石崎家具 創業からの歩み

大崎まこと 著

スモールサン出版

まえがき

富山県南砺(なんと)市に本拠を置く石崎家具株式会社。ベビーベッドの「スリーピー」というブランド名でご存知の方も多いだろう。本書はその七十年の歴史を追っている。企業史とくに中小企業の場合、それはまさにドラマチックな人間史にほかならない。事業承継を経ながら継続されていく「革新」と「創造」の歴史は、それを担った人々の人間ドラマの連続である。

石崎家具の七十年こそ、まさにその典型と言える。著者が石崎家具の歴史を本にしてみたいと思った最大の理由もそこにある。読者諸氏はぜひ本書を「連続テレビ小説」を観る感覚で読んでもらえたらと思う。

戦後まもなく石崎友吉が始めた家具づくりが、その後どのような展開を遂げ、石崎家具の今日に至ったか――それを知ることは、日本の多くの中小企業の「今」を知ることにもつながる。

そもそも人が「歴史」を学ぶのは、自らがよって立つ「今」を知りたいからである。その意味で、本書が少しでも多くの中小企業関係者の目にとまり、その「元気」に貢献してくれることを期待したい。

目次

まえがき

第一章　創　業　～石崎友吉が切り開いた道～ ―――― 9

戦後、共同での創業／二つの柱――特注家具の受注製造と小売り事業／石崎家具製作所を設立／友吉の決断／西村家具での修業／工場と小売店を福光町に／石崎博之の入社

第二章　飛　躍　～石崎博之によるベビーベッド事業の確立～ ―――― 27

スチール製の台頭／木製だからこそ価値があるもの／全国展開を視野に／ベビーベッド製造の難しさ／石崎家具の技術／ベビーベッドの課題／ワンタッチ式折りたたみベビーベッドの開発／石崎憲秀の入社／法人化・量産開始／ダブルサークルの開発

第三章　成　長　～多くの人たちに支えられて～　——　53

常に改良を／新装オープンと工場移転／火事——工場が全焼／借り工場で生産再開／和泉工場の建設／石崎博之の社長就任／登録認定工場／詳細な経営計画書／徹底した経営管理／「学び」の機会／仲間との共同事業／アート工芸の設立／中国語も身につけて／大切なのは「人とのつながり」／ライバルさえも「ありがたい」と思う／

第四章　進　化　～時代と共に変化し続ける石崎家具～　——　87

進化するベビーベッド／５ＷＡＹベビーベッド「ミニベッド&デスク」／修業先で出会った恩人／もう一人の恩人／販路の変化／流通ルートの変化／「ＳＬＥＥＰＹ」ブランドを武器に／ＯＥＭ生産は保育園向けで／インターネットでの直販／楽天ショップを開設／デザイナーの入社／中国の工場——劉言明（りゅうげんめい）氏、白玉甫（はくぎょくほ）氏との出会い／アート工芸の功績／生産能力増強の必要／最新設備を導入／良いものを長く作り続けたい／

第五章　挑　戦　～石崎雄世が挑む小売部門のイノベーション～　——　121

変化する家具業界／「近いから」「安いから」だけでいいのか／「長く愛され続ける家具」を売りたい／高くても価値あるものを／ブライダル家具フランチャイズ「シュクレ」／富山店のオープン／価値を伝えて作り手と施主との「懸け橋」に／富山店の経験で得たもの／経営理念の成文化／人を育てることが社長の仕事／福光店の改革へ／「中途半端」のままでいいのか／店のコンセプトを明確に／〝良いこと〟の循環／脱「町の家具屋さん」へ／「ＡＲＴＲＥＥ」リニューアルオープン／「提案力」で勝ち抜く／オリジナル家具／専門店の目利きで一歩先を見た提案／「不断の改革」こそ、石崎家具の伝統／全世代の〝家具にこだわる人たち〟と共に

インタビュー「当時を知る」① 中村 實氏 ―― 177

インタビュー「当時を知る」② 石崎昭子氏 ―― 187

石崎家具年表 ―― 199

あとがき ―― 204

第一章　創業

～石崎友吉が切り開いた道～

戦後、共同での創業

石崎家具株式会社の歴史を辿ると、終戦の翌年にまで遡る。

創業者の石崎友吉は、当時農家の本家から受け継いだ田んぼ七反（約二千百坪）で農業を営んでいた。しかし、元より田んぼ七反では、充分に生計を立てることはできない。昔から手先が器用だった友吉は、自身で何かものを作り、事業を興したいと考えていたようだ。

そんな折、友吉に起業の機会が訪れる。

妻の兄弟である西村外次郎氏、西村義男氏との出会いだ。

彼らは東京の五反田と笹塚で西村家具という小売店を二店舗経営していたのだ

が、終戦間際になった頃、東京は危ないからと富山に疎開してきたのだった。しかし、富山に来たのは良いが、何もしないでいる訳にはいかない。

こうして終戦を迎えた翌年の昭和二十一年二月、友吉と西村兄弟は共同で富山県南砺市福光の栄町（旧西礪波郡福光町栄町）に丸共家具製作所を設立した。

二つの柱――特注家具の受注製造と小売り事業

当時、戦後の失業者対策として地方に職業訓練学校のようなものが多く設けられていた。そこでは若い人たちが木製品の製造を学び、鉋のかけ方や鋸の研ぎ方から訓練を受ける。

そこで友吉は、訓練学校の卒業生を四名雇い入れて、木製家具の製造を始めた。主な事業内容は、学校や保育園で使用する特注品の製造だ。

家具といえばまだ木製が当たり前だった当時。学校や事務所で使う机や椅子はもちろん、ロッカーだって木の扉がついた木製だった。教室の教卓、理科室の角椅子や工作室の工作台、跳び箱なども作ったという。

一方、若い頃から東京で家具店を経営してきた両西村氏には、長年培ってきた小売りのノウハウがある。

そこで福光の中央通りにある貸店舗を借りて小売店をオープンした。友吉の製造部門とは独立しており、地理的にも近い石川県の金沢など北陸の問屋から家具を仕入れて販売していた。

西村兄弟は製造にはタッチしなかったものの、長年の家具店経営の中で工場へも出入りしており、家具製造の知識は一通りあった。友吉は彼らに家具づくりのノウハウを教えてもらったりもしていたようだ。

石崎家具製作所を設立

これら二つの事業を柱に、丸共家具製作所は順調なスタートをきった。

しかし、そのわずか二年後、西村兄弟は東京へ引き上げることになる。空襲を受けた東京の復興が進み、西村家具を再開することになったのだ。

昭和二十三年三月、丸共家具製作所は解散。

友吉は残された小売店も引き継ぐ形で石崎家具製作所を設立した。

しかし、友吉は商売人というより職人肌の人間だったようだ。無口で物静かな友吉に代わり、主に小売店を切り盛りしていたのは妻のしげだった。

とても商売上手だったという彼女は、店に一度来た顧客の顔と名前を決して忘れなかったという。一ヶ月後でも一年後でも、二度目に来た時には、「あら○○さん、久しぶり」と必ず名前を呼んで笑顔で迎える。そうそう真似できる技ではない。

家具のように大きな買い物をする場合、一度の来店で決断する顧客はそう多くはいない。大体の顧客は何度か下調べに訪れたり、店をはしごしたりするものだ。そんな中で、心のこもった彼女の対応は大いに顧客の心を掴んだにちがいない。

一方、友吉の生真面目さは家具づくりに活かされている。職人に交じって工場に立ち、仕上がった製品に僅かでも気になる部分があれば、自ら道具を持って仕上げを行っていたという。

こうして、製造と小売り、どちらも小規模ながら経営は順調に続いていった。

当時の雰囲気を伝えるこんなエピソードがある。

その頃、石崎家具で借りていた店舗のほど近くには老舗の家具店があった。創業百数十年という歴史のある店で、当然石崎家具とは比べ物にならない大きさだ。

それでも、石崎家具はその老舗の家具店からかなり敵視されていたようで、友吉は付き合いのある問屋からこんな相談を受けたという。

ある日、その問屋では長持（ながもち）の在庫がどうしても足らなくなってしまった。そこで件（くだん）の老舗家具店に行ったところ、なんと購入を断られてしまったのだ。「石崎家具と付き合いのある問屋には売りません」というわけだ。

「それなら、うちで全部作りましょう！」

その話を聞いた友吉は奮起し、夜なべで長持を製造して、問屋に納めたという。

友吉の決断

友吉の大きな決断は、設立から五年後のことだった。

その頃、長男であり後に二代目となる石崎博之は十六歳。当時のことをよく覚えているという。

石崎家具製作所の設立は、博之が小学校五年生になった十一歳の頃。以後は学校から帰れば毎日工場を手伝い、職人と共に金槌を振るってはタンスや長持の角に真鍮の金具をしつらえていたという。

当時はまだ本家から受け継いだ田んぼの耕作も続けられており、博之は毎年季節が来れば稲刈りや田植えも手伝っていた。

「このまま田んぼを続けるより商売をした方が絶対に良いよ」

当時から博之は農業より商売を好み、何度もそう口にしていた。

本家は古くからある町百姓で、山の方ではなく町に近い地域に田んぼを所有していた。分家である友吉が受け継いだ田んぼも同じで、町に近い分、宅地変換して売却すれば相当な金額になった時代だったのだ。

　しかし、田んぼの売却は、本家の大反対にあったようだ。友吉は多くを語らなかったが、かなり揉めているらしいことは博之も感じ取っていた。

　しかし、昭和二十八年十一月、友吉はついに受け継いだ田んぼ七反を売却する。

　その売却で手にした資金を元手に、貸店舗だった小売店を中央通りから東町商店街へ移転。二十坪の自社店舗としてオープンさせた。

昭和 28 年 11 月 14 日　東町に自社店舗を開店

西村家具での修業

こうして、いよいよ石崎家具製作所が本格的に家業となった。

そうなれば、長男である博之はいずれ事業を受け継ぐことになる。

そこで、昭和三十年、博之は東京の笹塚にある西村家具で修業するため、高校を卒業後すぐに上京した。

西村家具の店舗は大きく、二階建てで合わせて三百坪ほどもあったという。

博之は店の掃除などの雑用から接客、仕入れまで担当した。どんな商品がどのような季節にどれくらい売れるものなのかなど、博之は家具店を経営するのに必要な知識やノウハウを西村家具での体験を通して学んでいった。休みは月にわずか一日。修業にあけくれる三年間を過ごした。

当時は、夏になると家具店の店先には冷蔵庫が何台も並んでいたという。当時まだ冷蔵庫は電化製品ではなく、氷を入れて使用する木製品が一般的だったのだ。ホームセンターなども当然なく、店の二階には流し台も並んでいた。

博之が普通免許を取得したのもこの頃。西村家具の笹塚本店前で、車に乗って記念写真を撮ったことを覚えているという。免許を取得したことで、当時三輪だった西村家具のトラックを自ら運転し、近隣の顧客へ配達に行くこともできるようになった。

東京の西村家具笹塚本店

博之が免許を取得。
西村家具笹塚本店前にて
昭和 32 年 3 月

工場と小売店を福光町に

また、翌三十一年には、友吉が石崎家具の小売店と工場を統合した。店舗があった東町商店街の同じ通りに百三十坪の土地を確保し、工場を併設する形で移転オープンしたのだ。これが現在の福光本店となる。

話は逸れるが、福光町が木製野球バットの一大生産地であることは意外に知られていない。現在でも全国の木製バット生産の約五十％を占めている。この福光地域のバット生産は大正時代から始まったといわれている。当時の福光町にはバットの材料となる木とそれを削る技術があったことが背景になっている。伝統的に木製品を得意とする地域なのだ。友吉が選んだのはまさにそういう地域だった。

博之も修業の合間に福光に戻ってきては家業を手伝っていた。

自ら営業に行くタイプではなかった友吉に代わり、その頃から営業は主に博之が行っていた。工場の仕事が減れば、博之は学校や官公庁を営業して回り、特注家具の受注を新たに取ってきたという。

昭和 31 年 4 月 1 日　現在の地に移転

石崎博之の入社

昭和三十三年、西村家具での修業を終え、博之が石崎家具に入社したのは二十一歳のことだ。

当時、石崎家具ではチラシを使った販売促進を行っていなかった。そこで、東京から戻ってきた博之は、

友吉(左、44 歳)、博之（19 歳）。昭和 31 年

まずはチラシを入れることを提案した。しかし、友吉はなかなか首を縦には振らなかったという。

チラシを配ったら、他の店に石崎家具では何をいくらで売っているのか筒抜けになってしまう。そんな「商売上の秘密」は表に出すものじゃない、と言うのだ。

結局その時にはチラシを導入することは叶わなかった。

しかし、博之は諦めなかった。

そもそも各店の商品の価格などは調べようとすれば簡単にわかってしまうこと

だ。

一店舗だけを見て家具を購入する顧客は少ない。近場の数店舗を回ってくれば、相場はどうせわかる。事実、博之が接客している中でも、「〇〇家具店のタンスは〇〇円だった」と顧客が口にするのをよく耳にした。それは他の店でも同じことだろう。

しかし、顧客がどの店で買うかを決めるのは、価格だけが理由ではないはずだ。

「あそこの店では同じタンスがもっと安かったよ」

ある時、そう話す顧客に博之はこう返してみた。

「では、もう一度その店に行って、タンスのこの部分を確認してみて下さい」

例えば、桐タンスは四つの種類に大別される。正面の前板部分だけに桐材を使用した前桐タンス、次に前板と両側面に桐材を使用した三方桐、それに加え裏板も桐材にした四方桐、そしてすべてが桐材からなる最高峰の総桐タンスだ。

品質の違いはそれだけではない。製材の仕方で、木目が曲がる板目取りと、綺麗な直線になる柾目取り。板の厚みや作りの丁寧さ。それら一つひとつがタンスの品質を構成し、価格を決める。

「このタンスはこういう作りになっています。これより安いタンスはこの部分がこうなっているはずですよ」

そう丁寧に説明してみると、その後実際に見比べに行った顧客が、「確かに違っていた」と目を丸くして戻ってきたという。

製品の価格には意味があり、高いもの安いものそれぞれに理由がある。ただ安いものを売るのではなく、ちゃんと説明して納得してもらうことが信用を作るのだ。あくまでも、チラシはその呼び水にすぎない。

入社から半年ほど後、博之は再度友吉を説得してチラシを入れることを納得させた。結果は、上々だったという。

友吉が職人肌タイプであったのに対し、小売店で修業した博之はどちらかと言えば経営者肌の人間だ。チラシのエピソードからもわかる通り、博之と慎重な友吉との間では、たびたび意見がぶつかることもあったという。

「常に前へ前へと進もうとする若い自分にとって、先代は良いブレーキ役だった」と博之は振り返る。ただ前進するのではなく、一度立ち止まり考えるきっかけを与えるのが友吉の役目だったのだろう。

「家業」としての「家具業」を築きあげたのが友吉なら、その地盤を活かしつつ、「家業」から「企業」へと経営のあり方を大きく刷新していったのが博之であった。

昭和３０年代の三輪トラック

昭和３０年代のトラック

お正月初荷のトラック

第二章　飛躍

～石崎博之によるベビーベッド事業の確立～

スチール製の台頭

博之の入社当時、まだまだ世の主流は木製家具であり、石崎家具の売上げも順調だった。

しかし博之は、その頃から時代の変化を感じとっていた。

当時、博之には富山県高岡市に馴染みの材木屋がいた。きちんと乾燥の行き届いた良い材木を扱っているかなりの目利きで、博之はもちろん友吉も一目置く存在だった。

きっかけは、その八ッ橋氏からのアドバイスだった。

「石崎さん、木製の特注品だけ作っていたら将来ちょっと危ないと思うよ」

近い将来、家具の既製品が大量生産されて出回る世の中になる。とくに石崎家具で主に製造している学校の教室や職員室、事務所などで使用されるロッカーや机などは、スチール製で機能的な製品が量産される時代が来るだろう。現在の木製家具の多くが、いずれスチール製に取って代わられるに違いない、と言うのだ。

木は種類や産地ごとに材質が異なり、建築用と家具用とでも求められる条件が全く異なる。そのため、どちらを主とするかで同じ材木屋でも大きく異なるのだが、八ッ橋氏は家具向けの材木を主に扱っていた。

スチール製家具の普及は、彼にとっても死活問題だ。そこで彼は、馴染みの取引先である博之にアドバイスをくれたのだ。

「木製じゃないと駄目なもの。そういうのを作らないと将来どうかな？」

この問いかけは、非常に大きかったと博之は振り返る。

木製だからこそ価値があるもの

これまで通りに特注品を受注した分だけ製造していたのでは、いずれ生き残れなくなる。

そうかと言って、今からスチール製の家具を製造するなんてできるはずもない。ノウハウもないし、量産するための設備投資も莫大な金額になるだろう。大きな会社でなければ土台無理な話だった。

何よりも、これまで技術を培い親しんできた木製家具を切り離して考えることはできない。

あくまでも木製だからこそ価値があるもの。それを考える必要があった。

そもそも使用する側にとって、木製とスチール製の違いは何だろうか。それは、その手触りや見た目の暖かさだ。しかし、学校や事務所など多数の人間が集まる場所では機能性が重視される。無機質なスチール製でも文句を言う人間はいないだろう。

そこで博之は、家庭用の家具に目をつけた。一般家庭に置くにはスチール製はいささか冷たすぎる。

では、家庭用の家具と言えば何だろうか。まずはタンスがある。以前は着物をしまうための和タンスが一般的だったが、その頃には洋タンスが流行り始めていた。同業者の中でもタンスの製造を始める工場が多くあったのだ。

しかし、博之は思いとどまった。当時スチール製品と共にプラスチック製品もまた普及し始めていたからだ。収納家具となれば、家庭用であっても機能性が重視される。こちらもいずれはプラスチック製に取って代わられる可能性が高かった。

また、その頃、大手企業から流し台の下請けを請け負ったことがあるという。システムキッチンなどまだない時代。流し台はどこも木製で、上からステンレスの水槽部分を被せただけのものが主流だった。しかし、これもまたいずれは総ステンレス製になるだろう。あまり手を出さない方が良いと博之は判断し、二、三年ほどで下請けを終了した。

全国展開を視野に

家具の製造販売をビジネスにする上で忘れてはならない要件の一つに、「輸送費を低く抑える」ということがある。

当時石崎家具の製造した家具は、主に北陸の学校や企業へ納めていた。しかし、今後家庭用の家具製造に絞るなら、もっと商圏を広げる必要がある。

家具は一つの家庭で繰り返し何台も購入してもらえるようなものではない。人口三百万人ほどの北陸地域ではマーケットの規模は限られている。自社の小売店のみではもちろん、このエリアだけでの販売では経営の維持は難しい。

つまり、全国展開を視野に入れる必要があった。

博之（27歳）。昭和39年。配達用のトラックと

現在であれば、富山から出荷してほとんどの地域に翌日に届く。専門の運送会社を使えばコストも抑えることができる。地方のメーカーが全国へ直接販売することも可能な環境ができている。

しかし、現在のような効率的な流通手段のなかった当時は、小ロットを多頻度で送っていては膨大なコストがかかる。そのため、四トン車を一台借り切って、できるだけ多くの商品をひとまとめにして運ぶしかない。

当時、メーカーと小売店との間に問屋が介在することが一般的だったのは、こうした事情が一つの背景になっていた。大きな倉庫を備える問屋が各メーカーからの商品を大量に保管し、他方で多くの小売店を取引先としてもつことで、小口の注文が問屋の下でまとめられ、効率的に各小売店に配送していく。それが、当時当たり前の流通ルートだった。

とはいえ、製品を問屋にまでは運ぶのはメーカーの役割。石崎家具が全国展開しようとすれば、まずもって搬入先を北陸から岐阜や名古屋方面の問屋へと広げる必要がある。しかし、輸送費が大きな負担になる。しかも、タンスなどを組み立てた状態で運べば、空気を運んでいるようなもので余計に費用がかさんでしまうのだ。とはいえ、じっとしていて北陸地域のみを販路にしたビジネスでは先細りは避けられない。

しかも、いくら販路を拡大させても、すでに全国に溢れているような家具を売っているだけでは新たなコストを賄うほどの利益は出ない。結局は、競争に勝てず終わってしまうだろう。

新しい分野で、なおかつこれからの時代に合っていて売れ行きの広がりが期待できるものでなくてはいけない。今後を決める死活問題に、博之は悩みに悩みぬいた。

小売りで付き合いのある問屋から声が掛かったのは、そんな時だった。

「最近、仕入れたベビーベッドの返品が多くて困っているんだ」

と言うのだ。

ベビーベッド製造の難しさ

当時、石崎家具でも小売店でベビーベッドを扱ったことはあった。しかし、一般的に赤ん坊をベッドに寝かせる習慣は定着しておらず、ベビーベッドの普及はまだまだ進んでいない状態だった。

しかし、全国的にはぽつぽつと製造する会社も出始めていて、その頃同じ福光町内でもベビーベッド製造に乗り出した会社があった。それまで下駄を製造していたその会社は、石崎家具の小売店でベビーベッドを購入し、分解して構造を調べたのだという。

ベビーベッドは、その構造自体は際立って難しいものではない。その会社は順調に量産を進め、子ども用品を扱っていた件の問屋へ、十トントラック一杯に製品を積んで納めていたのだという。

ところが、半年ほどすると各家具店から返品が相次いだのだ。

出荷した当時は何の問題もないのだが、時間が経つと共に柵の棒が変形してしまったのだという。

ベビーベッドで使用する材木はどれも繊細なものだ。柵は細く、赤ん坊が触れるため角もとって丸くしなければいけない。そういった細長い材木は、芯まで完全に乾燥させてから加工するのが鉄則なのだ。

乾燥が不十分なまま使用すれば、材木は製品になってからも乾燥し続けることになる。結果、収縮して曲がってしまったり、酷い場合には細くなった柵が丸ごと枠から抜けてしまうこともある。

天然木は製材されても呼吸をし続ける。細長い部材でもの作りをするなら、製品化後の部材の変形を最小限に抑えることが重要であり、そこにベビーベッド製造の難しさがある。

石崎家具の技術

一方、長く特注家具を扱ってきた石崎家具には、それまで培ってきたノウハウと技術力があった。

例えば、学校の工作室の脚などは木の丸棒だ。その四本脚を繋いであるのもまた細い棒。これも同様に材木をしっかり乾燥させていないと後からバラバラになる。

そのため、まずは天日干しで含水率が三十%ほどになるまで自然乾燥させてから、人工乾燥機に入れる。一気に乾燥させると、すぐにまた水分を吸ってしまうのだ。人工乾燥においても、一度限界まで乾燥させてから、最後に七~八%まで戻して安定させなくてはいけない。そして最終的には、自然に十五%ほどになるのである。

そこまでしてやっと家具にすることができるため、木製家具の製造には大変な資金が必要となる。材木を仕入れても屋外に積んで乾燥させるためすぐには使えず、常に半年分ほどの材木をストックして寝かせておかなければいけないのだ。

乾燥材で仕入れることもあったが、やはり自社で天然乾燥させたものが一番無難であり信頼できる。昭和のこの頃は、ずっとそうやって製品を作っていた。

木製家具を作るのに最も大事なのは乾燥管理であり、この乾燥の見極めこそが難しく、職人の経験がものを言う。

乾燥の違いが見た目ではっきりとわかるほどになるのは、製品に仕上がって半年、一年と経ってからなのだ。

ベビーベッドを仕入れていた件（くだん）の問屋から相談を受けたのも、それらの経験と技術があればこそのことだった。その問屋とは以前から取引があり、その問屋は石崎家具が小売りのための商品を仕入れる先であったと共に、おもちゃなどを収納する子ども向け五色タンスの注文を受けて製造し、納入する先でもあった。

「石崎家具さんで、返品されることのないベビーベッドを作ってもらえないだろうか」

この相談を受けたことに背中を押され、博之はベビーベッドの製造に取り組むことを決めた。

ベビーベッドの課題

木製の良さを発揮でき、スチール製に取って代わられることのないもの。競合相手が少なく、しかもこれから普及していくであろうもの。ベビーベッドは、まさに博之が探し求めていた商品そのものだった。

しかし、従来通りのベビーベッドを製造するというのでは意味がない。当時でも、全国へ目を向ければベビーベッドを製造している会社がそれなりの数あったことはいうまでもない。これから拡大が予想されるベビーベッド業界なら、参入者も増えて競争も激しくなる。他社と同じようなものを製造しているだけでは厳しい競争に打ち勝つことはできないだろう。

他社の製品と一線を画すベビーベッド。それを考える必要があった。

また、輸送費の問題も忘れることはできない。全国の問屋で扱ってもらうためにも、輸送費を低く抑えることが必須になる。

従来のベビーベッドも組み立て前の状態で出荷すれば体積は小さいが、どんなに簡単な構造にしても十数ヶ所ほどネジを使わないと組み立てられない。それでは駄目だ。もっと簡単な方法で、たたんだり組み立てたりできるものが必要だった。

ワンタッチ式折りたたみベビーベッドの開発

ベビーベッドの開発は半年に及んだ。

小売りで何度か扱ったことはあるものの製造は初めてであり、ましてや作ろうとしているのは「今までにない」ベビーベッドだ。

寝台部分のサイズはどのくらいで、全体の高さはどのくらいが最適なのか。赤ん

昭和 40 年頃のワンタッチベッド。
現在のように床板は連動していない

坊が喜ぶ飾りはどんなものだろうか。組み立てを容易にするには、どういう構造にするべきなのか。

博之は何枚も図面を描いては工場に持って行き、職人に作らせた。出来上がった試作品の中で出来の良いものは自社の小売店で販売して、その手ごたえを確かめた。

こうして石崎家具が独自に開発したベビーベッド第一号が、折りたたみ式のベビーベッドだ。

短い方の辺の柵が二つ折りできる

仕組みになっていて、たたむのも組み立てるのもワンタッチでできるというもの。開いた状態で留め金をしめて床板を入れればグラつくこともない。組み立てが簡単だから、製品が届いたらすぐにベッドへ赤ん坊を寝かせることができる。これなら、たたんだ状態で出荷しても誰でも簡単に使うことができた。

それにベビーベッドが必要になるのは、赤ちゃんがつかまり立ちをするようになるまでのせいぜい一年ほどだ。当時は兄弟姉妹のある家庭が多かったとはいえ不必要な期間は長い。不要な期間は折りたたんでしまっておけるのだから、ワンタッチ式の折りたたみベビーベッドは重宝がられるに違いない。

「ワンタッチで使える」というこの売り文句は、まさに画期的だった。

今でこそ珍しくない機能だが、ベビーベッド自体が普及し始めたばかりだった当時に、こんな機能を備えたベッドはどこにもなかった。まさに「先駆け」だったのである。

石崎憲秀の入社

このベビーベッドの製造には、慎重派の友吉も賛成してくれた。一目置く材木屋である八ッ橋氏からの「いずれスチール製に取って代わられる」という言葉が効いていたのだろう。

博之が入社して一年後の昭和三十四年三月、閉店した隣の店舗を買い取り、改築して小売店を拡大した。これを機に工場を小売店から切り離し、店から二〜三分の距離にある寺町（旧西礪波郡福光町寺町）に移転。いよいよベビーベッドの本格的な製造を開始した。

翌年には、高岡工芸高等学校を卒業して東京で修業をしていた弟の憲秀が石崎家具に入社した。父親に似て職人肌の彼は、新井家具製作所という家具工場で三年ほど家具製造を学び、入社後は製造部門を支えた。

時代に先駆けたワンタッチ式の折りたたみベビーベッド。

それまで世になかったその製品は、売る側の心配をよそにたちまち世間の評判となった。

「折りたたみ」が可能であるがゆえに一トン車にベビーベッドを四、五十台も載せることができる。輸送費コストも抑えられる。博之と憲秀はまずは金沢や福井の問屋を回ることにした。行く先々で反応は上々。飛び込み営業をかけた問屋のどこでも、「見たことがない」と驚きをもって迎えられた。実際に製品に触れてみれば、その機能がいかに画期的なものかはすぐにわかる。「ともかく店に置いてみよう」と、どの問屋もそれぞれ数台ずつ購入してくれた。

営業の足は次第に名古屋方面へも広がっていった。ある時大きな注文を受けた。

「このベビーベッドは全部うちが売ろう！」

友吉(左、52 歳)と憲秀（23 歳）
昭和 39 年 6 月 5 日寺町の工場前にて

愛知県内の広いエリアを商圏としていた尾張屋というその問屋は、「これは目玉商品になる」と目論んだ。同エリアで他の問屋に卸さないことを条件に「作ったものを全部ウチに持ってきてくれ」とまで言ってくれた。

しかし、そうは言われても手作りである以上、生産できる台数は限られている。しばらくは作れるだけ作って納めていたが、こんなテンポではいずれ後発組が現れ、そこに顧客を取られてしまうかもしれない。

博之は量産体制を整えることを決意した。

法人化・量産開始

昭和三十八年、石崎家具製作所は法人化し、石崎家具株式会社となった。

この時に、解体予定だった福野小学校の木造校舎を一棟丸ごと買い取り、それを移築し、手を加えて工場として活用した。しかし、量産に必要な機械設備は、機械製造会社に注文を出して一から作ってもらわなければならなかった。

「木製」というところにこそ価値をもつのが

昭和 38 年工場の増築工事

ベビーベッド。同時に、安全安心がもっとも強く求められるのもベビーベッドである。そこで、たとえば使用される木材は赤ん坊が怪我をしないようにすべて角を取る必要がある。

それまで石崎家具では一本一本職人たちが手作業で綺麗に削っていたが、これを機械化できれば量産も可能になる。しかし、当時ベビーベッドに使用するような細い材木の加工に適した機械はどこにもなかった。新しい機械を一から作ってもらわなければならない。完成には数ヶ月要したという。

この機械の導入により、製品の外観も向上した。角材の角を手作業で丸めるため、それまでは平べったい形状だった柵の棒が、機械で削ることで綺麗な丸棒にすることができた。

機械化・量産化に対して職人たちから反発の声が上がることが懸念されたが、実際にはそれもなかったという。

創業時から勤めていた四名の職人は、その頃には技術を磨いてすでに独立していたことも反発が起きなかった一因だったようである。彼らはそれぞれ自身の家具製作所を開き、工務店などの下請けとして家庭用の特注家具などを製造していた。石崎家具に特注家具の依頼があった時には彼らに外注するなどして、その関係は後々まで続いている。

スチールの時代に、これからも木製家具で生き残っていく。そのためにも木製にこだわったベビーベッドを量産し、全国に展開していくことは生き残りの必須条件だ。時代の変化を見越した博之の説明に、最初こそ驚きの声が上がったものの職人たちは皆協力的だったという。

ダブルサークルの開発

ベビーベッドの製造開始から四年。新たに数名の社員を雇い入れ、いよいよ量産体制が整った。それまで製造していた学校などの椅子や机、特注品の製造もすべて止め、工場での製造はベビーベッドに一本化された。

その間も博之は試作を続け、ダブルサークルという新商品を開発した。

通常のベビーベッドよりも高さが低く、柵が二重の作りになっているため、それを伸ばせば倍ほどの広さにすることができる。赤ん坊は掴まり立ちをする頃にベビーベッド卒業となるが、床板を外せばサークルとして使用でき、動き回る赤ちゃんを安全に遊ばせることができるのだ。

昭和50年代のダブルサークル型のベビーベッド

これもまた世の中の潜在的な需要を呼び起こす製品となった。高さのあるベビーベッドでは危ないと抵抗のあった親が、「これなら安心して使える」と購入していった。

博之は名古屋と岐阜を中心に問屋を回って売り込みに励んだ。さらに遠方からも注文が来るようになった。岡山県の問屋から注文があった時には、泊りがけで納めに行ったという。

昭和４０年初期の頃のトラック

昭和４０年初期の頃のトラック

第三章　成長

～多くの人たちに支えられて～

常に改良を

生活様式の変化と共にベビーベッドの需要そのものが高まっていった時期でもあり、石崎家具のベビーベッドはまさに飛ぶように売れていった。

そうなれば、後発企業の追い上げが心配になる。

ワンタッチ式にしてもダブルサークルにしても特許を取っているわけではなく、製品を手に入れて見様見真似で作ろうとすればできないわけではない。実際、そうした企業が現れたらどう対応するのか。それは「先発」であれば必ず付きまとう苦悩だといえる。

「先発企業ならではの強みもあるはず。問題はそれをどう生かすかだ」と博之は考えた。

　そもそも石崎家具が開発したベビーベッドは、それまでどこにもなかった全く新しいもの。後発企業がそれを真似て慌てて作ろうとしても、そうスムーズにいくものではない。量産化となれば、尚更である。こちらには量産に必要な機械設備はすべてそろっている。ベビーベッドの柵に使うような細い丸棒を加工する機械などどこにも売っていない。後発企業は機械そのものの開発から始めなくてはならないのだから、容易ではない。

　そして何よりも、問屋や購入者からの「生の声」を多く聞けることが大きい。

　博之自身の体験でも、販売後にさまざまな声を聞かされて、「あぁしまった」と思ったことも幾度かあった。例えば、構造上どうしても折りたたみの稼働部分には僅かな隙間が生じてしまう。怪我をするような作りではないものの皮膚が挟まれば当然痛い。その指摘を受けて、隙間を閉めるための安全装置を取り付けた。

どんなに完璧に作り上げたつもりでも、改良点は必ずある。

作り手は制作時の思い入れが邪魔して自ら改良点を見つけるのは難しい。同じものを作り続けていれば、後発企業に改良品を出されて先を越されてしまう。

「まだまだ改良すべきところがあるのではないか」

使う側の視線で常に改良を重ねていくことが必要なのだ。

だから、顧客の発する「生の声」が最大の武器になる。

「意見や情報が自然に集まってくるような仕事の仕方を、日頃から心がけなくてはいけない。そうであってこそ、やっぱりベビーベッドは石崎だねと言い続けてもらえる」

そういうメーカーであり続けることを、博之は改めて決意した。

新装オープンと工場移転

昭和40年9月25日。本社建て替え、開店。
鉄骨3階建てとなる

その後も石崎家具は順調に成長を続けた。

昭和四十年九月、本社である福光店を建て替え、新装オープンした。それまでの木造二階建ては複数店舗を改築で繋げたこともあって、柱の位置など使い勝手の悪い構造になっていた。新たに建てた鉄骨三階建は一、二階を売り場にして、三階を住居とした。

この頃には小売店の社員は九名となっている。その内三名ほどは常に配達に出ているため、残りの六名で店を切り盛りしていた。博之の三人の妹たちも制服を着て店を手伝い、

昭和 42 年 5 月。移転した遊部工場（旧福光町遊部地域）

一番下の妹は結婚してからもパートで働き続けてくれた。

新装オープンから二年後、再び工場を移転することになった。工場がある土地の真ん中に道路が通ることになってしまったのだ。

そこで今度は福井県の芦原中学校の体育館を買い取って解体し、南砺市遊部（旧西礪波郡福光町遊部）に移築した。道路に分断されて残った土地の片方は、社員用の駐車場として使用した。

会社は右肩上がりで成長していた。

しかし、その数年後、思わぬ事態に見舞われる。

火事——工場が全焼

昭和四十七年、遊部地内の工場が火事で全焼したのである。

「今でも時刻まではっきりと覚えている」と博之は語る。

火災が起きたのは、暮れも押し迫る十二月十三日。深夜十一時半を過ぎて博之が床につこうとした時、窓の外の叫び声を聞いた。

「おぉい石崎、お前んとこの工場が火事や！」

飛び起きた博之が慌てて工場へ行くと、雪の降る中で赤々と工場が燃えていた。

まさに、悪夢のような光景だった。

現場にはすでに消防車や警察が集まっていたという。幸いにも宿直の男性は無事だったらしく、警察のジープの中で、慌てて飛び出したのであろう股引き一枚の姿で事情を聴取されていた。

火災原因は、設備加熱後のくすぶりだろうということだった。

翌日、名古屋へ納品に行っていた憲秀が慌てて戻ってきた。全焼した工場の片づけ、再建を急がなければならない。すでに受注しているベビーベッドの納品日も迫っている。落ち込んでいる暇などなかった。

二人の頭を悩ませる問題がもう一つあった。友吉への連絡をどうするかだ。火災当時、友吉はインドへ旅行に行って不在だったのだ。

知らせたところで燃えてしまったものは今更どうしようもない。しかし、全く知らせないのもおかしいだろう。知らせて良いのか悪いのか……。

博之と憲秀の間でかなり揉めた末、帰国予定日の前日に旅行会社に連絡を入れることになった。

借り工場で生産再開

工場は全焼し、中にあった機械設備もすべてスクラップとなってしまった。

このままでは生産が止まり、品切れを起こしてしまう。そうなれば問屋にも多大な迷惑がかかる。長引けば、問屋はやむなく他の会社に仕入れ先を移すに違いない。一日でも早く生産を再開しなくてはならない。

しかし、困難かと思われたその復旧への道は、予想以上に早く開かれた。

栄町に、かつて木製のスキー板を製造していた波多製作所という工場があった。その工場は当時すでに他の土地へ移転していたため、工場の建物はある材木屋の所有となって空いている状態だった。その空き工場を石崎家具が借りられることになったのだ。

また幸いにも、敷地内に野積みで天然乾燥させていた木材は延焼を免れ、無事だった。工場の場所さえ確保できれば、あとは機械設備を用意すればすぐに製造を再開できる。火災保険の保険金と銀行からの借り入れで設備を整え、火災からひと月半後、翌年の二月には借り工場での生産が再開された。

和泉工場の建設

借り工場での再開から半年ほどが経った昭和四十八年七月。現在の和泉工場がある遊部川原（あそぶかわら）への工場移転の話が持ち上がる。

千八百坪というこの土地は、当時町のし尿処理施設に使用するために市役所が用意していたのだという。

しかし、施設ができてしまうと周囲の土地は住宅地として売れなくなる。結局、近隣の村から反対の声が起こり、施設は隣の小矢部市と共同で他の場所に建設することになった。

そこで、役所の担当者から博之に声が掛かった。「火事の起きた土地にもう一度工場を建てるのもご近所の手前気が引けるだろう。この土地なら、役所からのいわば『おさがり』として安く入手できる」と言うのだ。しかも、以前の工場のある地域よりも街に近く、敷地も格段

昭和48年7月　和泉工場新築（現在のスリーピーベッド工場）

に広くなる。

まさに好条件。「あれほど良いタイミングはなかった」と博之は笑う。

こうして今度は鉄骨の工場が新築され、火災からわずか七ヶ月で新たな土地での再スタートを切ったのだった。火災のあった跡地も売却し、二年後の昭和五十年には敷地内に倉庫も新設した。

火災後も取引先に迷惑をかけることなく、また売り上げが落ちるようなこともなかったという。

石崎博之の社長就任

昭和五十年、創業者である友吉が亡くなり、当時三十八歳の博之が社長に就任、

昭和 52 年 10 月　砺波店新築開店（砺波市広上町）

憲秀は専務に就任した。そして昭和五十二年、博之は砺波市広上町（ひろかみちょう）に現在の砺波店を新築でオープンさせる。

　これは生前から先代友吉と共に進めていた計画だった。砺波のどこかに店を出したいと話し、候補地を探して一緒に市内を見て回っていたのだという。その矢先の急逝だった。

　その後、福光本店にも改装のタイミングが訪れる。昭和五十四年、店舗のあった東町商店街の近代化だ。通りに歩道を作るため、店の土地数メートルが削られることになったのだ。そこで、三階にあった住居を取り払い、一階から三階まですべてが売り場という現在の福光本店の形に改装した。

登録認定工場

この年、ベビーベッド工場が通商産業省（現経済産業省）の指定する登録認定工場となった。

第二次ベビーブームもあり全国的に普及の進んだベビーベッドだったが、同時に各地で事故が起きるようにもなっていた。元より石崎家具では製品の安全性には気を配っていたが、残念ながら全国にはずさんな工場も存在する。柵の間に赤ちゃんの首が挟まって抜けなくなったり、毒性のある塗料が使用されていたり、中には死亡事故に至ってしまった例もある。

これらの問題を受けて、昭和四十八年に消費生活用製品安全法が施行され、ベビーベッドを製造販売するためには国の認可を受けて安全基準Sマーク（現PSCマーク）、SGマークの取得が必要となったのだ。

届出書類の作成や検査担当者の対応は憲秀と当時の工場長が対応し、滞りなく認定に至った。

また、本格的に石崎家具のオリジナルブランドとして広めるべく、この頃『スリーピーベッド』というブランド名を付けている。

現在『SLEEPY』と表記されているが、これには「眠る」という意味に加えて、「Perfect（安全で）」、「P

国の安全基準合格製品をPRした広告

ｅａｃｅ（安らかな眠りを届け）」、「Ｐｌａｙｌａｎｄ（楽しい遊び場として愛され続けられるように）」という願いを込めた「三つのＰ」という意味も込められている。

詳細な経営計画書

これまで石崎家具では数年おきに移転や改装を繰り返している。その度に資金が必要になる。当然のことながら、銀行の融資をどう引き出すかが大きな課題になる。

今でこそ金融機関から融資を申し入れてくるようになったが、資金需要が旺盛だった当時の日本では借り手が頭を下げて銀行に融資をお願いするというのが当たり前だった。そんな時代にあって、石崎家具はなぜ問題なく銀行融資を受けることができたのか。そこには、博之が作成した詳細な経営計画書の存在があった。

まず自社の商圏の範囲を明確にする。その地域の世帯数と、一戸当たりの家具の年間消費高を計算して、商圏内の家具購買力がどのくらいあるかを導き出す。

次に同じ商圏内にある競合店を調べ、それぞれの売上げ規模を予測する。これは各店の売り場面積や社員数の他、配送トラックの大きさや台数などからも推定することができた。軽四か、四トントラックなのか。車両の年代、所有している台数など。また、馴染みの問屋がどの店を回っているのかといったことも判断材料にする。

こういった予測をすることで、今後他店と競合しながらもどれ

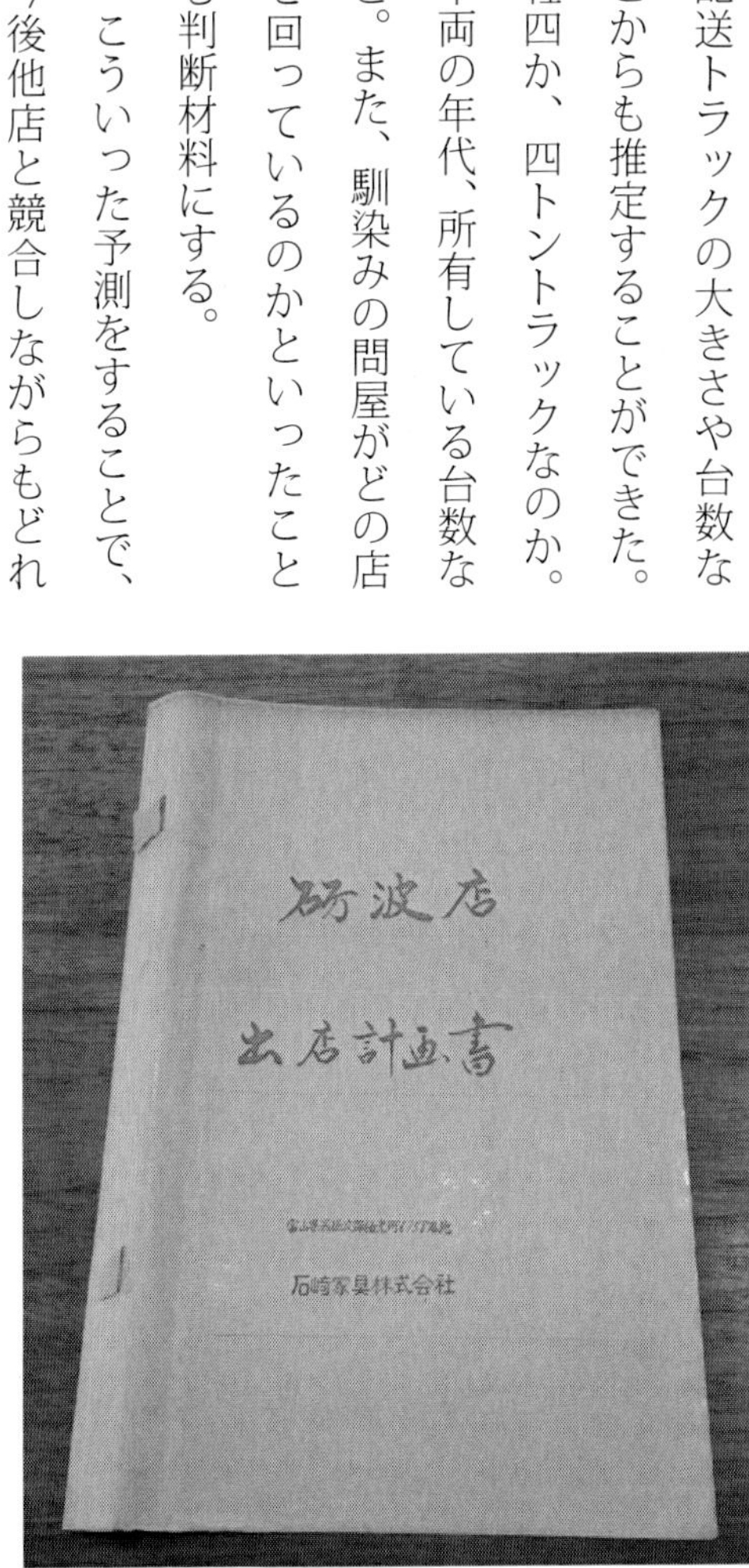

砺波店出店計画書

だけの売上げを望めるか、そしてその売上げを前提にすれば、借入金を何年で返済できるのかということも具体的に計算することが可能になる。これらの数字を計画書にまとめて提出したことで、銀行からの融資を引き出したのである。

砺波店をオープンするためには、土地の購入と建物の建築で一億円近くが必要だった。先代の頃から付き合いのあった信用金庫には流石に借り入れを渋られてしまった。

代わって新たに融資をしてくれたのが、富山第一銀行だ。

その経営計画書を見て、銀行は「ご融資しましょう」と明快に返答してくれた。博之は、「銀行が力強く背中を押してくれた」と当時を振り返る。不思議な縁があるもので、石崎家具が東町商店街で最初に出店した土地を移転後に買い取ったのもこの銀行であったという。その土地はその後長らく同銀行の福光支店となっていたが、現在は別の会社の店舗となっている。

徹底した経営管理

会社組織として石崎家具の計数管理は、博之の代になってから飛躍的に向上したといえる。

職人肌だった友吉は経営面では「どんぶり勘定的」なことも少なくなかった。一方で商業科を卒業していた博之は、計数管理をむしろ得意としていた。資金繰り表もきっちりと作成し、予算と実績を記入し続けた資金繰り表はまるで「巻物」のようになっていたという。

まずは予算を記入し、次に実績を記入する。そして、両者と照らし合わせて予定通りに事が運んだかをチェックする。これが「面白い」のだと博之は言う。

こうした計数管理は、当時はもちろん現代でも苦手とする中小企業経営者は多い。博之が銀行に提出した経営計画書と資金繰り表は、後に思わぬところで使用されていたことがわかった。

富山県北東部にある入善町（にゅうぜんまち）の家具屋仲間が銀行へ融資の相談に行ったところ、担当者が件（くだん）の書類のコピーを持ってきたというのだ。つまり、「融資を受けるにはこういう計画書を作って下さい」という手本として使われたのだ。流石にこれには驚いたものの、内心「鼻高々だった」と博之は笑う。

砺波店のオープン後、博之の立てた計画通りに石崎家具は成長していった。

数字でしっかり管理をすると共に、博之は展示会などにもくまなく顔を出して市場動向をつかむことも怠らなかった。現在どんな商品が売れていて、今後どういった商品が人気を得そうなのか。その傾向をつかむ。会社にじっとしているだけでは、この傾向はつかめない。

こうした「時代感覚」とでも言うべきものは、「普段の情報収集なしには身につかない」と博之は言う。

それぞれの会社には長年の間に培われた独自の「やり方」というものがある。しかし、それに安住していては発展がない。自分の知らないところで「もっと良いやり方」が開発されているかもしれない。そのための情報収集や「学び」を欠かさないこと、それが大切なのだ。

博之は、二十代の頃から所属していた富山県商工会でその重要性を学んだという。

「学び」の機会

現在全国に広がっている商工会青年部は、富山県が生誕の地だ。

博之はその三代目会長を務めた後、全国商工会青年部連合会の副会長まで務めた。

当時はまだ青年部のある県が少なく、博之は全国の商工会を回っては青年部の発足に尽力した。

月に何度も青年部の出張で他県に赴いては、予算の作り方や運営の仕方などより近代的な経営のあり方について説いて回ったという。商工会議所は原則として市を担当区域としているが、商工会の区域は主に町や村である。所属する中小業者の中には都会の企業に売上げを奪われ、苦戦しているものも少なくない。博之はそんな中小業者を相手に自身が方々を回って得た経営事例の話をしては、「負けずに生き残るにはどうすれば良いのか」を共に熱く語り合ったという。

こうした活動は自社の売上げに直結するものではないが、若い頃からこうして様々な人と接する機会を得たことは「経営者としての自分の血となり肉となっていった」。結果的には、自社の経営に大いに役立つことになる。

「若い頃に色々な話を聞くと、そこに自分なりの『枝葉』をつけようとして、あれこれ考えるものだ。それがいいのだ」と博之は言う。

「自分だったらどうするだろう」

「さらに○○をしたらもっと良くなるんじゃないか」

人の話を聞くということは、「考える機会」を与えてもらうこと。それが「学び」ということなのだと博之は言う。

仲間との共同事業

商工会青年部の仲間たちとは、ある時期、共同で事業もやっていた。

四十代半ばのことだ。洋服店や時計店、金物店など、それぞれ業種は違っていたが、店の方を社員にある程度任せられる地位にはいた。「ここらで一つ何か新しいことに挑戦しよう」ということになり、新たに共同で始めたのが造園事業だった。

造園と言っても、実際に庭を造る訳ではない。遊部川原の工場敷地が千八百坪と広いこともあり、余った土地で石灯籠や松の木といった造園資材の卸を始めたのだ。なんと、博之はこのために造園技能士の国家資格も取得している。当時百人近くが試験を受け、受かったのは博之を含めた数人だったというから、これが簡単に取得できる資格ではないことは明らかだ。

石灯籠には「春日灯籠」や「雪見灯籠」など多様な種類がある。今でも博之は一目でその種類がわかるという。

アート工芸の設立

仲間との共同事業から興した会社は他にもあった。後に石崎家具の子会社になるのだが、その始まりは先代が社長であった頃に、博之が仲間たちと始めた共同事業にまで遡る。

その頃全国の展示会を見て回る中で、博之は台湾製家具の人気が高まってきているのを感じていた。そこで、同じ砺波小矢部地区の家具店仲間数名と、共同で台湾製家具の仕入れをしようという話が持ち上がったのだという。

その当時、博之には同じ旧制中学校の出身で蘇玉明氏という友人がいた。博之が石崎家具に入社した頃にはすでに台湾へ渡っていたのだが、手紙のやり取りなどでその関係は長く続いていた。長い付き合いで彼が信頼できる人柄であることは十分にわかっている。「彼を通せば間違いないだろう」と、岡産業という仕入れ会社を家具店仲間と共同で設立したのだった。

海外家具の輸入といってもあくまでも自社の小売店で販売することが目的であって、卸をやるほどの仕入れ規模ではない。そのため、友吉からの反対もなかったようだ。「勉強程度のつもりだった」と博之は言う。

しかし、それから十年もすると一人二人と家具店仲間が手を引いていく。

そこで博之が会社を引き取ることになり、昭和六十一年に岡産業はアート工芸株式会社と社名を変え、石崎家具の子会社になった。

これからは中国製品が売れるようになる。そう睨んでいた博之は、これを機にアート工芸を卸会社にする。自社で販売するための仕入れだけではなく、北陸三県の家具問屋や小売店に向けて中国の輸入家具を卸すことにしたのだ。

これには一つの狙いがあった。

石崎家具では、これまで自社店舗での小売りと工場でのベビーベッド製造との二本の柱でやってきた。小売りをしていると遠方の問屋が来ることもあり、その中には家具を納入した後、工場でベビーベッドを仕入れて帰っていく問屋もあった。小売りが奮わない時には製造が、その逆もまた然りでこの二本の柱は互いに補い合いながら石崎家具の成長を支えてきたのだ。

好調不調の波の激しい家具業界にあって、こうした二本柱によって経営の安定を確保できたことが石崎家具の強みだった。

今後、まだまだ時代は激しく変化していく。とすれば、「新たな柱」がもう一本あっていい。そこで、力を投じてみようと考えたのが輸入卸だった。


アート工芸での実務のサポートには、長男である就生がその力を発揮した。入社当時は前身の岡産業で商品出荷や在庫管理といった倉庫の管理を担当していたが、アート工芸に引き継がれてからは、輸入製品の管理はもちろん、博之と共に中国の大連工場や紹興市の工場などへ行き品質管理も担当した。上海の家具展示会などにも出向き、日本からのバイヤーに対応することもあったという。

後に経営は次男である雄世が引き継いだが、こつこつと仕事をするタイプである就生は博之の大きな支えとなった。現在も工場で輸入製品の品質管理や倉庫管理、商品の出荷を担当している。

中国語も身につけて

中国からの輸入卸を始めるにあたり、博之は中国語もマスターしている。
当初は現地で日本向けの商品を扱っている商社の通訳を頼んだこともあったが、それでは日に数万円のコストがかかってしまう。実際に仕入れるならやはり現地で製造している工場を見て回らなくてはいけない。汽車とタクシーを乗り継いで工場を何軒も見て回ろうとするとコストもかかる。通訳代もばかにならない。中国語を覚えて、自分一人でも動けるようにすることが必要になる。

そんな折、福野町で中国語を教えてくれる田島という人物と知り合った。彼はかつて高等学校で国語の教師をしていたのだが、三年ほど中国で日本語を教えていた。

帰国してからは逆に日本人に中国語を教えようと、生徒を募集していたのだ。

博之は、同級生で松村薬局という薬店を営む友人と二人で、この田島先生のところに通うことにした。ちょうど同じ頃、彼も中国語を学ぶ必要性を感じていた。その頃は毎年中国からの研修生が富山の会社へ多く来ていて、漢方薬を扱う彼が中国語を話せるとなれば研修生たちの多くを店に呼ぶことができるからだ。


こうしていざ通うことになったものの、田島先生は相当厳しかったそうだ。

「途中で辞めるくらいなら最初からやるな」

「絶対に辞めませんから、ぜひお願いします！」

そう誓った言葉通り二人はなんと十年ほども通い続けた。雨の日も雪の日も毎週通い続けることができたのは、共に通う友人がいたからだと博之は振り返る。

こうした努力が実り、博之は地方の工場を回って仕入れの交渉することも、台湾の都市で開かれる展示会で気に入った家具を買い付けることも、通訳を介さずこなせるまでになった。

大切なのは「人とのつながり」

ベビーベッドの開発、製造そして量産体制の確立。小売りも二店舗に増え、海外家具の仕入れ、さらには卸もできるようになった。

この成長ぶりを振り返って、「これは多くの人びとに支えられたことで得た成果だった」と博之は言う。

西村兄弟と先代友吉との出会いがあって始まった木製家具の製造。スチール化の波に呑まれることなく工場を続けてこられたのは、馴染みの材木屋である八ッ橋氏からの強い後押しとアドバイスがあったからだ。

また、ベビーベッドを始めたのも、馴染みの問屋からの相談が大きなきっかけだった。開発においては、ベビー用品を扱っていた問屋に何度も試作品を見せては多くのアドバイスをもらった。「仕入れる側から、作って売る側になるにはどうしたらいいか」などと相談をしたこともあったという。

家具、とりわけベビーベッドでは安全性が何よりも重要だ。馴染みの塗料屋がくれる情報にはとても助けられたという。国の安全基準などが定まるのは問題が起きてからの話で、それ以前に事故を起こしていては遅いのだ。どの塗料なら赤ん坊が舐めても安全で、どの塗料を使っては駄目なのか。専門家である塗料屋のアドバイスを受けて、石崎家具では常に高くても良いものを使用していた。

後発企業の中には競争のために安い塗料を使い、あちこちに卸してしまってから問題が発覚して大きな損失を被るケースもあったという。

「良い材料を勧めてみても、『価格が安い方がいい』と聞く耳を持たなかったらしい」。こんな噂を耳にする度に、博之は「わが社は恵まれているなあ」と感じたという。

人からの情報を真摯に聞く態度が会社の成長に繋がるのだ。

「仕入れてやっている。売ってやっている。そんな態度じゃ駄目だ」。博之は、そう繰り返す。

「会社を成長させるのは人とのつながりだ。良好な人間関係は日々の誠実な姿勢があってこそ得られるもの」。そう信じる博之の生き様が石崎家具の成長を可能にしたのである。

ライバルさえも「ありがたい」と思う

人との繋がり。その大切さは、何も顧客や取引先に限った話ではない。

競争相手もまた大切な存在だと博之は言う。

ただ一軒のみで商売していたなら、その店はそれ以上には成長しない。新しいサービスを考えることや、新商品を開発すること。また、より人の心を掴む接客を心がけること。こうした向上心は、競う相手がいないと萎えてしまいやすいものだ。競争の中で生き抜かねばならない危機感がエネルギーになる。

「商売人は商売敵に嫌がらせをするような人間であってはならない」と博之は言う。

同じ地域に競合店があっても、互いに良い意味で競い成長していけば、その地域に顧客を呼べるようになる。「あそこの地域に行けば、良い家具を見つけられる」と多くの人に言ってもらえるよう、共に繁盛していこうとする気持ちが商売には大切だ。

「繋がりの大切さ」は社内においても同じことだ。

木製家具の製造と店舗での小売りという二つの柱。それらが互いに支え合い良いバランスを保っているのが石崎家具だ。

それぞれが互いの持ち場を尊重し、それぞれが自分の仕事を一生懸命にやる。それが石崎家具だ。例えば「工場の方が楽だ」とか、「小売りの方が良い」といった具合に他人の仕事をうらやみ、自分の仕事を疎んじていたら、石崎家具はここまで成長できなかっただろうと博之は言う。

無駄な仕事なんてそんなにない。自分が「これだ」と思って選んだその仕事を、まずは一生懸命取り組むことが大切だ。

「一生懸命にやる」というのは、「人に気に入ってもらえるようにやる」ということ。それがどんな仕事であれ、世の中のためになっているからこそ報酬を得ることもできる。

「『人のために』なんて言うとちょっと大げさな感じがするけど、『世の中のためになっている』と思わないと、商売の大変な苦労なんて乗り越えられないですよ」。

これは、厳しい時代を生き抜いてきた博之の実感なのだろう。

第四章　進　化

～時代と共に変化し続ける石崎家具～

進化するベビーベッド

創業時から木製家具を作り続け、スチール化の波に呑み込まれまいと、時代に先駆けて開発されたワンタッチ式折りたたみベビーベッド。それは改良を重ねながら、現在も石崎家具の主力製品となっている。

当時は赤ん坊が寝る床板部分は別部品だったが、現在では本体と一緒に折りたためるように改良されている他、赤ん坊を寝かせたり抱き

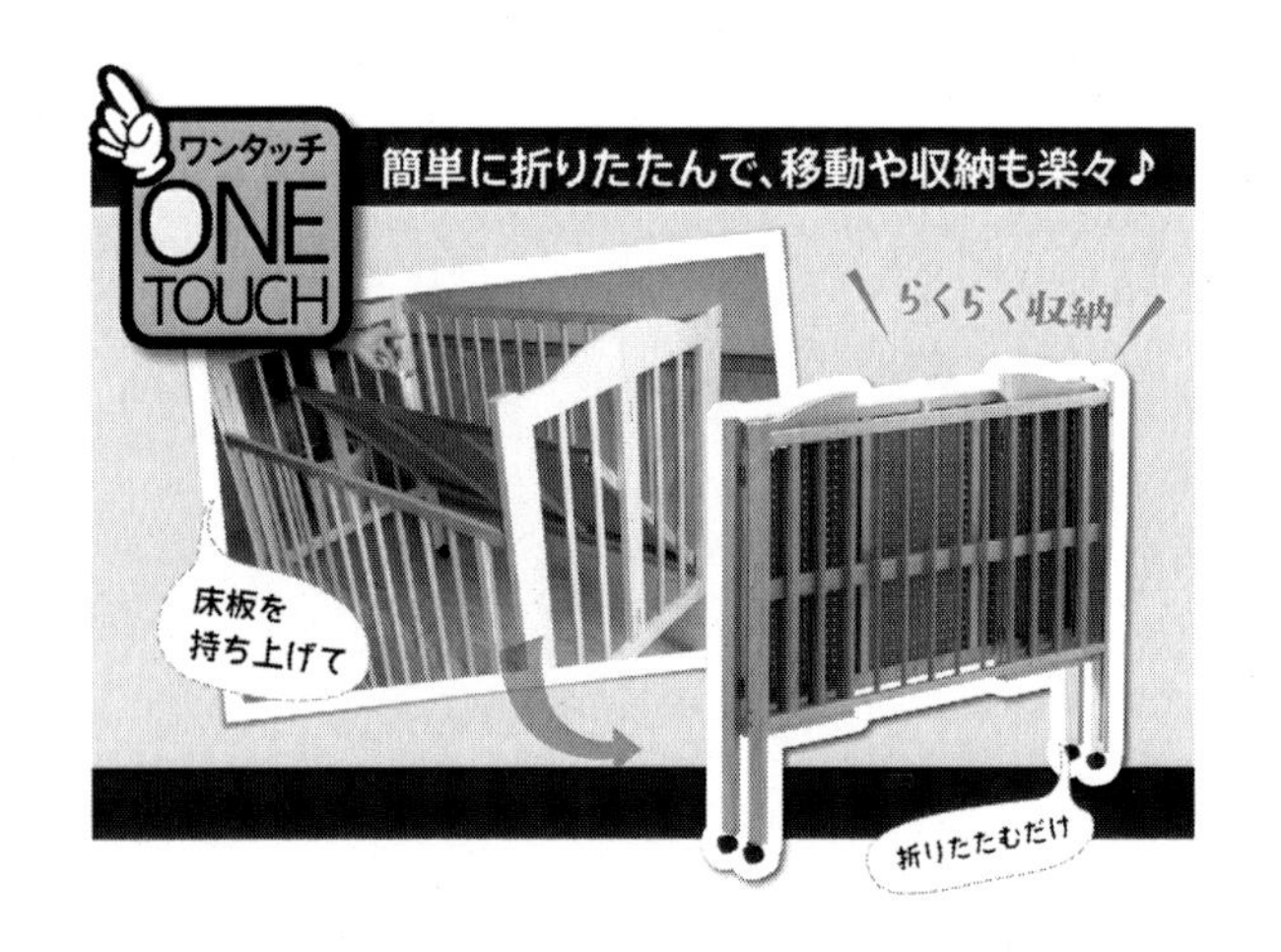

上げる際に障害になる柵は上下にスライドすることができるようになった。もちろん移動することも考えてキャスター付きだ。

母親の負担を考えて腰をかがめなくても赤ん坊を楽に抱きあげられる高さになっているハイタイプの「パル」は、床板の下にスライド式の収納棚が付いている。これは床板の高さを調節することでベビーベッドからベビーサークルにも変化する一番の人気製品だ。

その他にも使用する部屋を選ばない

従来のワンタッチベッドより 18cm 高くした「パル」

ミニタイプの「プチ」や「クールミニ」など、様々な機能とデザインを兼ね備えたベビーベッドへと進化を続けている。

5WAYベビーベッド「ミニベッド&デスク」

多数開発された製品の中でも『ミニベッド&デスク』は、特に画期的な製品になっている。

①ベビーベッド
②ベビーサークル
③キッズテーブル
④PCデスク

⑤収納棚

一台のベビーベッドで、この五通りの変化をするのだ。

ベビーベッド使用時の「ミニベッド＆デスク」

ＰＣデスクにした時の「ミニベッド＆デスク」。この他、サークル、キッズテーブル、収納棚として利用できる

長年木と親しみ続け、愛情を込めて丁寧に作られたベビーベッドだからこそ、小さな赤ん坊の時だけではなく長く使ってほしいという想いを込めた製品だ。

時代を先駆けたワンタッチ式折りたたみベッドと同様に、この「ミニベッド＆デスク」もまた評判となり、ＮＨＫから取材依頼を受けて朝の情報番組『まちかど情報室』で取り上げられ大きな反響を呼んだ。

修業先で出会った恩人

後に専務取締役となる石崎尚樹が入社したのは平成五年、二十四歳の時だ。

それまでは、愛知県安城市の大和屋という会社で二年間修業をしていた。現在小売りはせず卸を専門にしている大和屋だが、当時は石崎家具と同じく小売りと製造事業を持っていた。

この大和屋での修業は憲秀の薦めであり、大和屋の後継者である当時企画室長だった太田啓一氏の人柄や経営者としての資質を見込んでのことだったという。

太田氏はいずれ家業に戻る尚樹を快く受け入れてくれた。大和屋での二年間で学んだものは、それこそ数知れない。わずか二年であったが、尚樹は機械操作を習得する度に別の機械の担当に替えてもらい、モルダー、テノーナー、穴あけ加工、高周波接着、ＮＣルーター、ワイドサンダー等、ほとんどの加工機械の操作を習得させてもらった。

また、工場のすぐ横の寮で生活をしていたので、仕事が終わってからも開発室に行き、設計担当の人に図面の書き方やＣＡＤの操作まで教えてもらった。最後の三ヶ月には、営業部で出荷業務から展示会の搬入搬出、販売応援等まで本当に貴重な経験を積ませてもらったという。

「太田氏をはじめとした大和屋の方々には感謝してもしきれないぐらいの恩を感じています。修業先として大和屋を薦めてくれた父憲秀は最高の助言をしてくれました。今でも感謝しています」。当時を振り返り、尚樹はそう語る。

修業を終えて石崎家具に入社した尚樹は、平成九年にCADを、十三年にはNCルーターを導入するなど、大和屋での多くの経験を活かして工場の生産効率を向上させていった。

尚樹にとって、太田氏はまさに〝恩人〟なのだ。

もう一人の恩人

尚樹にとって〝恩人〟と呼べるもう一人の人物が、工場長の中村實氏だ。彼は昭和三十二年の入社から四十七年間にわたり石崎家具のベビーベッド製造を支え続けた。

尚樹は資材のことから機械、刃物、塗装のことまで、家具作りのすべてを中村氏から教わった。「価格ではなく安全で使いやすいもの、品質の良いものを作っていくことが第一」という品質へのこだわりも彼に教え込まれたものだ。

中村氏のこだわりは、加工機械の導入にも表れている。機械を導入する際には、販売されているものをそのまま購入するのではなく、現状の問題点や課題をすべて改善できるように注文を出し、その都度最高と言えるものを導入していた。当然定番の機械よりも設備投資費はかかるが、何よりも品質を第一と考えるからこそ譲れないことだった。

業界のトップを目指し、品質と生産効率向上のための設備投資は惜しまない。そんな中村氏の想いは、尚樹へも脈々と受け継がれている。「怒られることも日常茶飯事でしたが、親身になって教えてくれる中村さんは私にとって親同然の存在なんです」。尚樹はそう語る。

平成十五年に中村氏は退職したが、現在でも設備導入や機械メンテナンスなど、事あるごとに相談に乗ってくれているという。

この二人の〝恩人〟のおかげで、尚樹は設計の際に、資材から加工機械、生産効率やコストなど総合的に考えられるようになった。これが自社ブランドでの新製品やヒット商品の開発へと繋がっている。

ヒット商品というものは、ただデザインが良いだけでは生まれない。そこに品質や機能性、価格等が伴って初めてヒット商品になるのだ。新しいアイデアの発想から、どんな素材をどのように加工して製品にするのか、そしてどのように顧客の元へ届けるのか。トータルで考えた商品開発を行えることが、石崎家具の大きな強みとなっている。

販路の変化

こうして見ると順調に思えるベビーベッド事業だが、そこには様々な時代の変化を乗り越えてきた軌跡がある。

当時の石崎家具でのベビーベッド事業は自社ブランドでの販売は比率が小さく、OEM生産がそのほとんどを占めていた。

バブルが崩壊して売上がガクッと落ち始めていた頃で、以前は四万から六万円のベビーベッドも売れていたのが、その半分ほどの価格が主流になっていた。

低価格志向に対応すべく、家具問屋は安い中国製の販売に傾斜していった。そのため石崎家具の製造部門はベビー専門店やベビー用品専門問屋からの注文が中心となったが、その多くはOEM生産の要請だった。ワンタッチ式ベビーベッドの生産は三割ほどしかなかったという。

バブルが崩壊し、高価な製品は売れにくい時代になった。しかし、ベビーベッド業界の変化はそれだけではない。

その筆頭が、販路の変化だ。

かつてベビーベッドは「家具」であり、商品として取り扱うのは主に家具店であった。石崎家具の小売店でも、当時はベビータンスなどと一緒に販売していたという。娘が結婚する際には婚礼家具を、そして子どもが生まれたらベビー用の家具を買う。それを売るのが家具店の役割の一つでもあったのだ。

しかし、ホームセンターやベビー用品専門店が増え、ベビーベッドは家具店では扱われなくなってしまった。今やベビーベッドは「家具」ではなく、「ベビー

2001 年大和屋のカタログ。当時はベビータンスと一緒に販売されていた

用品」という認識が一般的になった。

さらに、時代と共に人々のライフスタイルも変化してきた。婚礼家具を揃える人は減り、家具店でベビータンスやベビーベッドなどベビー専用の家具を購入する習慣自体がなくなりつつあった。

流通ルートの変化

流通ルートもまた、大きく変化してきた。

ベビーベッド製造では、かつてその取引先のほとんどは問屋であった。メーカーと小売店との間に問屋が介在するというのが当たり前の流通ルートだった。

しかし、現在ではその流通も多様になった。何店舗もチェーン展開する小売店が増え、そういった店では自社で配送センターを持ち、問屋を通さずメーカーから直接商品を購入して、大量に在庫を保管して逐一配送に回すということが可能になったのだ。

家具を運んでくれる運送業者が増えたということもある。例えば主要な家具の産地に福岡県があるが、九州には家具専門の運送会社が存在する。家具メーカーはその業者に商品を持って行けば、問屋を介さなくても直接全国の小売店に家具を納めることができる。北海道や広島といった他の産地も同様で、静岡のメーカーは佐川急便やトナミ運輸などを使って同様のことを行っているという。

金沢の上田商事や福井の日光三商など、当時はトラックに大量の家具を積んでメーカーに代わって小売店を回ってくれた問屋があったが、北陸地方ではそれも難しくなったようだ。問屋の多くが廃業し、石崎家具で取引している問屋も北陸では一軒もなくなってしまった。小売りと卸の両方をやっていた新潟の山下家具も今や卸はやめ、小売りのみになっている。

現在もあるのは名古屋の問屋くらいだが、そこはメーカーに依頼して自社のオリジナル商品を開発している。そういった問屋として以外の付加価値を付けなければ、家具問屋としての存続は難しくなっている。石崎家具の製造部門の仕事の多くがOEM生産だったのも、こうした時代の流れが背景にある。

「SLEEPY」ブランドを武器に

入社してからの数年が、最も危機感が強かったと尚樹は語る。

徐々にOEM生産の受注も減っていき、「一年を通して暇」というほどのことはなかったものの、仕事がなくて工場の壁のペンキ塗りや草むしりをしていたという時期もあった。

「作るものがない」という状態が何よりも辛い。

しかし、忙しい時は忙しい時で日々の仕事をこなすのがやっとで、新たな商品の開発や新規顧客の開拓に力を注ぐ余裕がない。仕事が減って会社に余力が生まれた今こそ、そのチャンスにほかならない。

「ピンチをチャンスに変える」。尚樹はそう決意して、オリジナル製品の開発や新規顧客の開拓に力を注いだ。

尚樹は、自社ブランド「ＳＬＥＥＰＹ」を前面に打ち出す営業戦略を採った。ワンタッチ式折りたたみベビーベッドは他社との差別化に大きな武器となるからだ。

努力の甲斐あって、それまでは自社製品をＯＥＭ製品として納入していたトイザらスや千趣会、赤ちゃん本舗などの専門店へ、自社ブランド製品として販売できるようになった。それと共に売上げも徐々に回復していった。

ＯＥＭ生産は保育園向けで

ＯＥＭ生産の需要がなくなったというわけではない。それは保育園向けという新たな需要が育ってきた。

女性の社会進出が進み、保育園の必要が増してきた。そんな中、全国的に保育施設の整備が進んだ。それが、石崎家具にとっては保育施設向けのＯＥＭ生産の受注増となって現れてきたのだ。

ベビー用品系の大きなメーカーが「学研」

保育施設用の「ナーサリー」。
マットレスを入れたまま折りたためる

や「ひかりのくに」といった教材を扱う企業にベビーベッドを卸し、そこから全国の保育園へ販売されている。石崎家具のワンタッチ式折りたたみベビーベッドがこの流通にのった。

現在ＯＥＭ生産は全体の三割ほどにまでに低下しているが、その多くは保育園関係である。

インターネットでの直販

尚樹が始めた挑戦には、もう一つある。

ネットショップを使った直販だ。

入社から五年ほどが過ぎた平成十年頃、販路開拓の一環としてネット販売を開始した。当初は自社のホームページで紹介した商品の注文が入った際にそれに応えるという程度のものだった。当然売り上げも微々たるものだったが、ある友人とのこんな会話が大きく変化するきっかけとなった。

「ヤフーオークションで子どもの服とか高く売れるよ」

当時ヤフーオークションはサービスを開始したばかりの黎明期。ヤフーはネットオークション業界をほぼ独占し、その取引額も急速に伸び始めていた頃だった。

友人のそんなシンプルな一言に興味を持ち、「それならウチでもやってみようか」と尚樹は早速挑戦してみることにした。

ベビーベッドの他、ベビーカーなどの自社製造ではない商品なども出品してみた。すると、予想を上回る売れ行きをみせた。自社のホームページでの売上げが月に二百から三百万円ほどであったのに対し、オークションでは七百万円を売り上げる月もあったという。

楽天ショップを開設

初めは好調だったネットオークション販売だったが、やはり時が経つと共に他社も同じようにオークションを使用する。競争がはげしくなる。そこで尚樹は、素早くネットオークションからネットショップへと販路を切り替えることにした。

そこで、尚樹が選んだのはヤフーショッピング。数年早く台頭していた楽天ショップも選択肢としてはあったが、意図的にそれは避けた。

楽天ショップの方が売上げを見込めることはわかっていた。しかし、当時はまだどこのメーカーも他社や取引先に遠慮して、露骨に直販することは避けていたからだ。石崎家具としても、まずは小規模なスタートを選択したのである。

ところが、その後一つ大手小売店との取引がなくなったことで売上げの急減という事態に直面し、もはやそうも言っていられなくなる。このままではいけないと危機感を覚えた尚樹は、いよいよ楽天市場に出店することを決意した。

デザイナーの入社

その後、ネットショップでの売上げは順調に伸びていった。

しかし、さらなる飛躍をとげるためには、あるハードルを越える必要があった。というのは、ショップのページ作りや受注処理、そして商品の写真撮影などすべて事務の女性社員と尚樹が担当していたからだ。

現物を手に取ることができないネットショップの世界では、商品画像とページのデザインが決定的な意味を持つ。しかし、素人の撮影やデザインには限界がある。

工場事務所棟の外観

そうかと言って、プロカメラマンを雇ったり、デザイン会社を使っていてはコストが掛かり過ぎる。

もっといい写真で、もっと統一されたデザインで、自社ブランド『ＳＬＥＥＰＹ』のイメージを打ち出したい。そうすれば、きっと売上げは大きく伸びるに違いない。

そう考えた尚樹は、自身のいとこでもあるグラフィックデザイナーに声をかけた。以前から彼には、カメラ撮影の技術的なアドバイスも受けていたのだ。

リニューアルされたショップサイト

平成二十五年、その彼が入社してくれたのを機に、『ＳＬＥＥＰＹ』のブランディングデザインはより先鋭化された。

ロゴデザインは一新され、ネットショップのページやカタログはもちろん、段ボールから工場の看板まで新たなデザインに統一された。倉庫内に小さなスタジオを設営し、そこできれいに撮影された商品画像に詳しく説明をつけると、予想通り多くの商品が売れるようになった。

そうなると余裕が出て、さらに新しい製品を開発することができた。好循環が生まれたのだ。

現在では、ベビーベッド事業のほぼ六割をネットショップでの売上げが占めている。

中国の工場――劉言明(りゅうげんめい)氏、白玉甫(はくぎょくほ)氏との出会い

ネットショップで扱っている商品は自社製造のベビーベッドだけではない。尚樹はアート工芸で仕入れた商品もまた販売していた。平成十九年の夏からは、イタリア製マットレスを輸入販売しているF社からの依頼を受け、F社オリジナルベッドを中国大連の工場で製造し、アート工芸を輸入元として販売していた。

その年の十一月、初めて中国へ行くことになった尚樹は、その後のインターネッ

ト販売の売上拡大に大きな影響を与える人物と出会う。
当時、大連易中木製品有限公司の営業担当をしていた劉言明氏と、工場長をしていた白玉甫氏だ。

Ｆ社の要望は品質面、価格面で非常に厳しく、オリジナルベッドの製造を始めて二年もする頃には、様々な問題もあって別のベッド工場を探さざるを得なくなった。その時、新しい工場を紹介してくれたのが、その頃すでに大連易中木製品を退社していた劉氏だった。

そしてその工場が、白氏が独立して設立した大連良園木製品有限公司だったのだ。当時はまだ規模の小さな工場だったが、価格は安く、何よりも白氏の品質に対する真摯な姿勢は信用するに十分なものだった。尚樹は彼らを信頼し、この工場でＦ社のオリジナルベッドを製造することにした。その後は検品などで大連を訪れるたび、インターネット販売のベッドなど新製品の図面を持ち込んでは試作してもらったという。

F社との取引は平成二十四年に終了することになったが、その後も劉氏と白氏との付き合いは続き、良い出来事も悪い出来事も含めて様々な経験を共にして信頼関係を深めていった。この頃から数々のヒット商品が生まれ、インターネット販売は急速に成長していった。

アート工芸の功績

中国、台湾、インドネシア、マレーシアなどからの輸入卸事業として設立されたアート工芸だったが、時が経つと共にその経営は厳しくなってきた。台湾から輸入した家具を富山新港で荷受けして本社へと運んでいたのだが、富山港ではなく神戸や名古屋で荷受けした方がもっと運賃が安くなることがわかってきた。

神戸港や名古屋港で荷受けするのであれば、アート工芸ではなくその土地の問屋を使った方が安くなる。そうする小売店が増え、アート工芸の売り先はほとんど石崎家具だけになってしまった。石崎家具しか仕入れしないのであれば、アート工芸から石崎家具にわざわざ伝票を発行したり、同じ事務所とはいえ無駄な作業が増えるだけで、石崎家具で輸入業務を行ったほうが効率的である。

平成二十五年、やむなくアート工芸は解散することになった。

しかし、アート工芸の設立は決して無駄ではなかった。時代の流れで解散とはなったが、海外へと目を向けるきっかけとなり、中国やインドネシア、マレーシアとの繋がりを生んだ。

技術指導をしてきた大連工場では、ベビーベッド専用の楕円ホゾ取りと楕円穴加工の機械を導入してベビーベッドの半製品の製造もしてもらっている。現在も信頼できるパートナー企業として、大人用オリジナルベッドやマットレスの開発製造拠点となっている。これらはネットショップでの販売競争でも大きな強みとなり、その力を発揮している。

アート工芸によるこれらの繋がりがなければ、現在のメーカーとしての石崎家具はなかったとも言えるだろう。

生産能力増強の必要

自社ブランドの確立とネットショップでの直販、保育園関係をメインとしたOEM生産により売上げは大きく伸びてきた。

それと同時に工場の生産能力の増強が再び課題となってきた。

5WAYベビーベッド『ミニベッド&デスク』だけでなく、木製家具製造の技術を活かした多くの新製品の開発にも取り組み、それがまた大きな反響を呼んだ。

木製ペットサークルやペットゲートなどのペット用家具、ベビーベッドの製造工程で出る端材を有効利用したスリッパラックやシューズラックなどがそれで、いずれも通販サイトの売上げランキングで常に上位を維持するヒット商品となっている。

しかし、これらの新製品はいずれもネットショップでの販売のみに限っている。他社にも一切卸しておらず、海外やペットショップからの問い合わせがあっても、生産能力の問題があってすべて断ってきた。

保育園向けの商品などは十二月から四月に注文が集中する。そのため、それ以外の製品は工場の操業に余裕が出てくる夏場にしか生産できない。『ミニベッド&デスク』は中国でも製造してもらっているが、ワンタッチ式のものは中国では精度の問題で作れないのだ。

そうなると季節によって在庫切れが起きてしまう。自社での直販であればそれで

ベビーベッドの技術を活かした木製ペットサークル

も問題ないが、取引先があるとそうはいかない。

つまり、開発力はあれども、それに見合った生産能力がない。それを何とかしなければ、これ以上の成長も難しい。

最新設備を導入

「ミニベッド&デスク」もペット用家具も、反応は決して悪くない。

それにもかかわらず長期欠品が続いていては、受注機会を大きく失うことになる。

平成28年に導入されたダブルエンドテノーナ

生産能力の大幅な増強に取り組むべく、尚樹は「ものづくり補助金」を活用して最新設備を導入することに決めた。

こうして導入されたのが、最新の自動ホゾ取り機（ダブルエンドテノーナ）だ。前年に導入したワイドサンダーと同じく、この時にも前工場長である中村氏にメーカーまで同行してもらったという。

品質の維持は、何よりも優先しなければならない。現在必要な工程数を減らしながら、いかにより高精度で強度に優れた製品を仕上げられるかが課題になる。それらを解決するための改良点を助言してもらい、最新の設備を導入した。
生産効率が向上すれば、一層の多品種小ロット生産にも対応が可能になる。

良いものを長く作り続けたい

もちろん設備導入だけですべての課題が解決するわけではない。生産量を増やすには、それに応じた人材の確保とその育成も課題になる。

現在、石崎家具の工場社員の定着率は他社に比べてかなり高い。残業や休日出勤を極力なくしたことで、若い社員の割合も増えてきている。若手の社員たちも通常の作業は問題なくできるし、スピードもある。しかし、新たな加工をするときにはやはりベテランの知恵と技術が必要だ。今後彼らが抜けていった時に若手でも対応できるようにしなくてはいけない。人材育成は急務である。

そして、今以上に人員を増やすことになれば、尚樹に代わって「管理」ができる人材も必要になる。管理者の養成、これも喫緊の課題である。

尚樹は、「工場を大きくすること」それ自体を熱望しているわけではない。安定的な供給体制を整えて、「良いものを長く作り続けたい」のである。

かつて三十六社あった国内のベビーベッドメーカーは、石崎家具を含めて四社にまで激減した。

日本の家具が輸入品に取って代わられていく中で、保育施設などで使用されるベッドの大半は石崎家具のワンタッチ式折りたたみベビーベッドである。価格が高くても質のいい国内製品を求める消費者は今も少なくない。石崎家具の強みは、輸入製品には真似ができない品質とそれを支える技術にほかならない。そして、それを可能にしてきた経営力である。

「良いものを長く作り続ける」。そのためにすべてのエネルギーを惜しみなく注ぎ込む。それが変化の歴史の中に貫かれている石崎家具の伝統だといっていい。

第五章　挑　戦

～石崎雄世が挑む小売部門のイノベーション～

変化する家具業界

ベビーベッドの製造を始めてから六十年近くが経つ。その間、家具業界が大きく変化したのは製造分野だけではない。

この十年で日本の家具小売店の数は半分ほどにまで減少している。それにもかかわらず、家具の売り場面積は減っていないのだという。大型の家具チェーン店が増え、その波に押し潰されるようにして中小の小売店がその数を大きく減らしてきたのである。

国内の家具販売額はバブル景気崩壊後に四割、リーマンショック後にさらに四割近く減少した。今後の人口減少を考慮すれば、メーカーも小売店も厳しい市場競争に晒され続けていくことは明白だ。

価格で競っていては大型チェーンに勝てるはずもない。生き残るためには差別化と魅力的な店づくりが不可欠である。

三代目の代表取締役であり、現在主に小売り事業部を担う石崎雄世が入社したのは平成七年、彼が二十八歳の時だった。

当時、石崎家具の小売店は福光本店と砺波店の二店舗。いわゆる「町の家具屋さん」としての雰囲気があり、地域の顧客のニーズに合わせて良い意味で何でも取り扱う店だった。タンスや食卓、ソファといった通常の家具の他、高級な婚礼タンス、ベビー用家具にベビーカーや三輪車といったベビー用品。十一月には天神様、十二月からは雛人形、三月になれば五月人形。その他にも日本人形、神棚、絵画や色紙額、杖にシルバーカーなど。

「何でも揃う便利なお店」として地域の人たちからの信頼も厚く、昔から利用してくれているお得意様も多かったという。結婚に始まり、出産に節句、進学、新築と人生の新たな節目で役に立てることがありがたく、やりがいのある仕事だったと雄世は当時を語る。

しかし、その一方で家具業界はバブル景気の「売れる時代」を終え、競争激化の時代へ入っていた。来店した顧客に商品を気に入って買ってもらえることを嬉しく感じると同時に、「気に入る家具がない」と言って帰って行ってしまう顧客に対しては情けない気持ちにもなった。

車社会になり、県内にある大型家具店のチラシが入れば、顧客は気軽に色々な店を回って買い物をすることができる。これまで積み重ねてきた信頼からすぐに顧客が他店に流れていくということはないものの、いざ大型店と競い合うことになった時に果たして勝ち目があるのだろうかという不安があった。

「近いから」「安いから」だけでいいのか

業界の変化はそれだけではない。

取扱商品の中でも、ベビー用品はベビー専門店やショッピングセンターのベビー用品売り場に、組み立て家具や日用品といったものはホームセンターに、そしてタンス類は工務店によるクローゼットに取って代わられるようになった。それまで家具屋が取り扱ってきた分野が、どんどん奪われていったのだ。

そんな中、仕入れの多くは問屋経由であり、近隣の家具店も同じ問屋から仕入れていることが多いため当然品揃えが似通ってしまう。そんな状況の下では、石崎家具が選ばれる大きな理由は二つだ。その一つは「近いから」。もう一つは「安いから」。

こうして他店の価格ばかりを意識した商売になる。当時広告コストを抑えるために、売り出しを二店舗同時にして合同でチラシを出していたのだが、そこに載っている商品の価格も常に他店並みかそれ以下にしなければならない。

「あそこの店はもっと安かった」と、顧客から値引きを要求されることも少なくなかったという。安くしなければ帰ってしまうし、値引きすれば顧客に差をつけることになる。

車の普及や交通機関の発達により誰もが自由に買い物へ出掛けられるようになり、ただ近いからという理由だけではなかなか足を運んでもらえない。そして価格の面でも、他店より高ければ買ってもらえない。店の今後を考えた時、雄世は強い不安を感じていた。

このままで本当に良いのだろうか……。

雄世は二店舗を行き来する毎日を過ごしながら、じりじりと危機感をつのらせていった。

「長く愛され続ける家具」を売りたい

雄世が危機感をつのらせるには、もう一つ理由があった。

入社前、雄世は大学を卒業してから五年ほど東京の大手家具メーカーにデザイナーとして勤めていた。実家と同じ家具業界ではあったが、彼が同社を選んだのは修業が目的ではない。当時、彼は家業を継ぐつもりもなかったという。

「デザイナーとして、長く愛され続けるロングセラー製品を作りたい」。それが彼の希望だった。流行り廃りが少なく、人の生活にも役立つ家具製品は、そんな彼の希望を満たす上で「打ってつけ」の商品だと思われた。もちろん、家業で小さい頃から馴染みがあったということもある。

その家具メーカーでは商品開発部に所属し、一年間の工場研修を通じて椅子、テーブル、収納家具の製作工程を学び、本社に戻ってからは新商品開発や製品強度、構造検査などに携わった。また、国際家具見本市では会社が出展する展示ディスプレイプランなども担当した。見本市では「こんな家具をデザインしたい」と思う製品に数多く出合ったという。

その後、雄世は結婚して子どもが生まれたのをきっかけに、生活の基盤を地元に置きたいと思い、富山に戻った。彼はそれまでに培ってきたものを家業で活かしたいと考えていた。

しかし、自社の店舗に置かれている商品は、雄世の思う「長く愛され続ける家具」とは異なるものだった。

そこに並べられていたのは、顧客のニーズに合ったいわゆる「売れる商品」である。商売としてみれば、その品揃えはけっして間違っていない。しかし、雄世が「売りたい」と思っていたのは「長く愛され続ける家具」なのだ。それは「売れる商品」

とは必ずしも一致しない。

「どうしたらいいのだろう……」

そんな強いジレンマが、雄世の胸中を占めていた。

高くても価値あるものを

今後、店をどうしていくべきか。

雄世よりも早く入社していた尚樹とも話し合い、全国の様々な展示会にも足を運んだ。国際家具見本市でも国内メーカーの出展は数社見られたものの、海外メーカーの出展の方が圧倒的に多かった。一方で、国内の家具産地での展示会では驚くほど多くの国内メーカーが出展していた。静岡や広島といった家具の産地から国内メーカーが数百社と出展し、そのどれもがデザイン的にも機能的にも優れた家具を製造していた。

日本にもこんなに多くの家具メーカーがあったのかと、その時初めてわかったという。「まだまだ自分は家具業界を知らなかった」と目から鱗が落ちる思いだった。

当時まだ富山では展開していなかったが、いずれ近い将来には大型家具店が進出してくるのは目に見えていた。そうなった時、これまで通り他店と同じ低価格志向の商品を中心にしていては、大型店との競争には絶対に勝てない。そんな危機感もあった。

これから生き残るためには、もっと特色を出して差別化しなくてはいけない。そのためにも、こだわりを持って「売るべき商品」を選んでいかなくてはならない。

まずは砺波店から変えていこうと当時の店長に持ち掛けてみた。しかし、その返答は芳しくなかった。

店に並ぶ商品が高額化してしまう。仕入れ値も高いために値引き販売もできない。「町の家具屋さん」では、そんな商売は難しいのではないか、と。

たしかにその通りかもしれない。実際、来店する顧客の多くが、店内の商品に満足して買っていってくれているのだ。

それでも、少しずつでいいから現状を変えていきたい。

ならば、自分で売るしかない。

雄世はそう決心し、店長に何度も相談して「こだわりの家具」を仕入れる了解を得た。そうして展示会で知ったメーカーから気に入った家具を直接仕入れ、少しずつ店に並べていった。

顧客の反応はといえば、多くは「こんな高くちゃ買えない」というものだった。しかし、その一方で「これ素敵ですね」と大いに気に入って購入してくれる顧客も、確実に存在していた。

価格が高いにもかかわらず、顧客がその高い品質に惚れて購入してくれたのなら、その商品は長く愛され続けることになる。そんな商品を提供し続けていけば、結果的に顧客もついてきてくれるにちがいない。

しかし、そのことを実証するには、もっと思い切った転換が必要だ。そう考えた雄世がたどりついた結論は、ブライダル家具専門店の開設だった。

ブライダル家具フランチャイズ「シュクレ」

「シュクレ」は、ブライダル家具専門のフランチャイズ・チェーンだ。

当時はまだ「嫁入り道具」として婚礼家具を揃える家庭も多く、家具店でも主力商品となっていた。たしかに嫁入り道具ともなれば、消費者は高額であっても品質のいいものを選ぼうとする。ただ、当時は「重厚な作り」が重視され、実際にその家具を使う娘よりも親の満足を満たすことが重視されていた。それは必ずしも、若

シュクレのオリジナルブランド「シエル」

い女性が新居に置きたいと思うものではなかった。

とはいえ、若い女性の好みを優先させれば、親の希望を満たせない。

親が喜ぶようなしっかりした作りでありながら、若い世代も好むようなシンプルなデザイン。「シュクレ」は、そんなブライダル家具をコーディネートできる数少ない専門店だった。

「もっとお客様に喜んでもらえる店にしたい」という想いで他店との差別化を目指し、雄世は新たな商品を導入したり、仕入れ条件を有利にするためにボランタリーチェーンに入ったりとできる限りのことをやってきていた。しかし、根本的な差別化にまではなかなか至らない。

近隣他店との競合は明らかであり、大型店のチラシもどんどん入ってくる。早く何とかしなくては、このままずるずると時代の波に呑まれてしまうのではないか……。

そんな不安が強まる一方の中で出合ったのが、「シュクレ」だったのだ。


「これしかない！」

広島県府中市の展示会でシュクレの家具と出合い、雄世はそう強く感じた。「衝撃的だった」と、その第一印象を語る。

天然木で作られた長く使い続けることのできる高品質な家具。食器棚や食卓セット、ベッドやタンスにドレッサーなど、それぞれの家具メーカーが横に繋がって作りあげたシンプルでナチュラルな統一的デザイン。

「これを売れないくらいなら家具屋なんてやめた方がいい」と、本気でそう感じたという。

富山店のオープン

砺波店の一画で、「シュクレ」商品の販売を始めたい。

そんな構想を持って、早速フランチャイジーとなる話を「シュクレ」に持ち掛けた。すぐに本部の代表らが砺波店を訪れたが、彼らはこんな条件を提示したという。

「富山市内でやってくれるのならいいですよ」

現代は車社会である。必要とあれば、消費者は車を使って遠い店でも足を運ぶ。だから、大型家具店が富山市に進出して大々的に広告宣伝を実施すれば、石崎家具が店舗を置く福光や砺波からも顧客は奪われる。当時同じブライダル家具でカントリースタイルをコンセプトにしていた「シャルドネ」のフランチャイズが、高岡市でオープンしたことも脳裏に浮かんだ。

石崎家具の小売店がある地域は、富山県の中でも西の端に位置しているため、どうしても集客面で弱い。「シュクレ」が示した条件は、その意味ではもっともなものだったといえる。

富山市での店舗開設は、石崎家具では検討されたこともなかった。ましてやフランチャイズ店ともなれば、強い反対に遭うことは容易に想像できた。

それでも思い切って博之社長に話してみた。ところが、反応は意外なものだった。

「それじゃあ富山市で店を出すか」

「これからはそういうことも必要な時代になる」

かつて時代の変化を感じてベビーベッドの製造を始めた経験を持つ博之は、息子である雄世の挑戦に異を唱えるようなことはしなかった。

こうして富山市内での物件探しが始まった。タイミング良く、富山駅にも近い西長江（にしながえ）に空き店舗があることがわかった。ドラッグストアだったのだが、道路拡張で駐車場が削られたために撤退したのだという。それでもその駐車場には十台ほどの車を駐めることができる。家具の販売店としてはそれだけあれば問題はない。しかも、百二十七坪という広さだ。今後並べる商品が増えていっても十分に対応できる。

こうして、平成十三年『シュクレ』のオンリーショップとして石崎家具の富山店がオープンした。

シュクレ富山店の外観

価値を伝えて作り手と施主との「懸け橋」に

『シュクレ』の商品はセットで揃えると百万円を上回る。一つひとつの商品の価格も全国統一で決まっている。

価格が高い上に「値引きなし」で売ろうとすれば、当然ながら販売にはかなりの苦戦が強いられる。売り手がこれまでと同じような感覚で対応していては、とても「高くて売れない」だろう。

もちろん、価格に見合っただけの価値ある商品であることはわかっている。それでも最後まで一切値引きしないで売り切ることはできるのか。

店長となる雄世自身も、不安を払拭しきれないでいた。

富山店は、新たに社員を中途採用してオープンすることにした。既存店から人員を異動させれば、既存店の方が人手不足に陥るからだ。折り込みチラシで募集をかけたところ、応募者数は二十名にも上ったという。そこから面接で四名にまで絞り、フランチャイズ本店での研修後、女性二名の採用が決まった。

彼女たちは全くの未経験者だったが、そのことが逆に功を奏した。「町の家具屋さん」の常識が染みついていない分、「定価」で売ることへのプレッシャーが少なかったのだ。

実際に店をオープンしてみると、顧客から値引きを求められるケースが意外に少ないこともわかった。価格について問われた際にも、店全体のルールとして値引きを行わないことを説明し、「商品の価値」をしっかりと伝えることで納得してくれる顧客がほとんどだった。

〝価格〟ではなく〝価値〟を伝える。それを正しく実践すれば、高くても良い商品は必ず売れる。

こうした経験を社員が積み重ねていくことで、雄世が描いた「改革」は徐々に現実のものになっていった。

富山店の経験で得たもの

富山店のオープンによって得たものは少なくない。

その一つは、〝価格〟よりも〝価値〟で商品を選んでくれる顧客層が富山県にも少なからずいるのだという確信である。そういう顧客層の心をしっかりと掴むことこそ石崎家具の生きる道だと、雄世は強く実感したという。

いま一つは、ターゲットとする顧客を明確にすることで初めて、他店との差別化も可能になるのだということ。競争上の強みはこうして生まれる。「なんでもあり」

では伝わらない。「ここ！」というポイントを絞ることでコアな顧客を呼び込めるし、店のファンを作ることができるのだ。

そしてもう一つ、フランチャイズでの研修が良い経験になった。

シュクレではFC主催で毎月一回研修があり、全国の店舗からスタッフやオーナーが集まって商品知識や接客などの研修を受けていた。毎回各地のシュクレで開催され、他の店舗を見学したり、他店のスタッフやオーナーたちと交流することで、仕事へのモチベーションが高められた。

また、地域こそ違うものの、そこで出会う人たちは同じ商品を同じ値段で売る、いわば「同じ土俵」に立つ人たちだ。それにもかかわらず、売上げは人によって大きく違う。しっかり成果を上げている社員から話を聞いたり、彼らと交流を持つことはモチベーションだけでなく、具体的な技術の向上にも繋がった。雄世にとっても、横の繋がりの少ない家具業界において、同じ店長という立場で様々な人たちと情報交換を行ったり、体験交流をすることは大きな糧となった。

雄世は毎回社員と共に参加し、入社時は家具販売未経験だった社員が成長していく姿を見ながら、店もまた成長していくのを実感したという。

また、時代や顧客は絶えず変化し、同じ状況は長く続かない。だからこそ、それに対応する自分たちも常に成長し続けなくてはいけない。人材育成には終わりがないのだ。当初は売上げの向上が目的だったが、社員の成長こそが店を成長させ、売上げだけではない「地域に愛される店」を作るのだと気づかされた。

経営理念の成文化

シュクレをオープンしてから四年ほど経った頃、雄世にもう一つの転機が訪れた。

現在、自分は「店長」として社員を預かり、店を運営している。しかし、ゆくゆくは石崎家具を継いで社長となるだろう。では、「社長」とは何を考え、どういった仕事をすれば良いのだろうか？　雄世の中で、そんな漠然とした疑問が芽生えていた。

そんな時に知人から勧められたのが、富山県中小企業家同友会だ。「社長とは何ぞや」。その答えを知るには、そういった人たちの集まりに参加するのが一番。そう考えた雄世は早速同友会に入会することにした。

そうして同友会の例会に参加してみると、それまでに体験していた商工会青年部や商店会組織とは大きく異なることに驚いたという。良い会社、良い経営者となるために、自身の体験の成功も失敗も赤裸々に報告し合い、真面目に自社や社員のことを考え語る。会員のそんな姿を見て、「自分もここで学んで良い経営者になりたい」と雄世は感じた。

富山同友会主催の「経営指針を作る会」に誘われたのは、同友会に入会して間もなくのことだった。そこで雄世は、あらためて「経営理念」について考えることとなる。石崎家具の社則はあったが、経営理念を言葉としてまとめたものはそれまでなかったのだ。

石崎家具株式会社　社則

一、常に良い品を安く世の中へ送り出すこと。
一、常に新製品を開発し、インテリアデザインの先端を行くこと。
一、常にお客様の気持ちになって生産すること。
一、常にお客様の明るい生活のお役に立つこと。

そこで雄世は約半年をかけて「経営指針を作る会」を受講し、先輩会員に助言をもらいながら、自社の経営理念を成文化していった。もらう助言に優しいものはなく、厳しい言葉や問いかけばかりであったという。経営者の責任とは何か、自らの生き方、経営者としての姿勢、会社を何のために経営するのか。様々なことを問われ、雄世はあらためて自身の未熟さを感じたという。

当時社長であった博之とも経営について色々と話す機会にもなり、後から振り返ってみれば会社を引き継ぐ時の心の準備にもなっていた。

こうして成文化されたのが、この経営理念だ。

一、私たちは、美しい自然の恵みを豊かな時空間の創造のために活かし、人々の夢、幸せを育みます。

一、私たちは、暮らしのつくり手として、あたたかい気持ちを家庭に伝えることで、やさしさやぬくもりのある社会に貢献します。

一、私たちは、社員一人ひとりが互いに支えあい、仕事を通して成長でき、生きる喜びを感じられる会社を目指します。

一つ目は、顧客にどのような価値を提供するのか。二つ目は、どのように社会貢献するのか。そして三つ目は、どのような人の組織、集まりであるのかを表している。

人を育てることが社長の仕事

同友会では常々、「人を生かす経営」をするということを言われる。

この言葉も雄世に大きな気づきを与えた。それまで見えていなかった社員たちのことを考えるようになり、彼らへの感謝の気持ちが強く生まれた。「それまで社員が私の後ろ姿を見て何を感じていたかを考えると、後悔の念と申し訳なさで一杯になりました」と、雄世は言う。これまでいかに自分中心でやってきたのか、それに気づかされたのだ。

あらためて、これからは社員と一緒に頑張っていこう、「人を育てる」ということこそが自分の仕事なのだ、と強く感じた。

その後社長に就任した雄世は、富山店の社員だけではなく福光店や砺波店の社員にも研修が必要だと考え、そのための予算をとって様々な研修を行っている。同友会や講師を招いての研修、外部セミナーへの参加の他、社内でもインテリア講座を実施した。三店舗の店長会議も、お題を考えたり相談に乗ったりと、店長育成の場として毎月開催するようにしている。

こうした研修を通して店舗の垣根を越えた交流をすることで、「店は違っても同じ石崎家具の仲間なのだ」という意識を社員が持つことができる。そうして社員が育ってくれることが良い会社をつくり、時代の変化にも対応できる「強い会社」をつくるのだ。

これら同友会での学びとシュクレでの経験が活かされたのが、福光店のリニューアルだ。

福光店の改革へ

富山店のオープンが成功したのと時を前後し、懸念していた問題が現実のものとなってきていた。

いよいよ富山市内でも大型家具店のオープンラッシュが始まっていたのだ。

神島リビング、ケースリー、ニトリの三店舗が、同時期にオープンした。この三店舗だけで、富山県内の家具売り場面積がなんと二倍に広がったのだという。

石崎家具でも、それらの大型店を見てから来たという顧客が増え、独自性をもった富山店はよかったが、福光本店と砺波店は大きな影響を受けた。

とくに福光本店の集客の落ち込みが顕著だった。売り場面積の狭さが不利に働いたのだ。

雄世自身、知り合いから福光店と砺波店の「どちらがたくさんの商品を並べているのか」と訊かれることもあった。それぞれ品揃えが違うことを伝えるのだが、それでも売り場面積の違いからどうしても砺波店と答えざるを得ない。そうすると、「じゃあ砺波に行くわ」となってしまう。

差別化ができていない。それが決定的な弱みになっている。

明確なコンセプトを打ち出していなければ、顧客はとりあえず売り場面積が大きくて品数の多い店を選ぶ。それが大型店に優位性を与える要因だが、同様のことが自社の店舗間でも起きていたのだ。広告チラシを出しても顧客の来店が増えない状況に、社員のモチベーションも下がっていた。

「シュクレ」の経験を活かし、早急に福光本店を改革しなければならない。雄世はそう決意した。

「中途半端」のままでいいのか

福光本店をリニューアルする。

最初にそう提案した時には、社員たちの賛同は得られなかったという。

富山店をオープンしてから、福光本店でもグレードの高い家具を徐々に増やしてきた。安いものばかりではなく、「高くても良いものを売っていこう」という雄世のアドバイスが徐々に浸透しつつあったのだが、完全リニューアルとなれば、事実上これまで主流にしてきた「売りやすい商品」の多くを品ぞろえから外すことになる。

これまで店を利用し続けてくれた顧客を切り捨てることに繋がりかねないという不安から、店長や社員はもちろん、雄世の妻までもが「何も売れる商品を外す必要はないんじゃないか」と諫める側に回った。

そんな中でたった一人、入社四年目の若手男性社員が雄世に賛同してくれた。

「じゃあ、福光の店はこのままずっと中途半端なんですか？」

彼のこの一言が、福光本店のリニューアルに大きく貢献することになった。

店のコンセプトを明確に

シンプルナチュラル系もあり特価商品もありという、いわば「何でもあり」の「中途半端」な店では、素敵な家具を求めて買いにきた人はワクワクしない。

店自体に特徴的なコンセプトが必要なのだ。

彼の一言も後押しとなって、いよいよ福光本店のリニューアルが決まった。

打ち出したコンセプトは、「シンプルナチュラル＋カスタムメイド」。

「シュクレ」の経験からも、これから「シンプルナチュラル」が日本のインテリアの主流になると判断した。

メイプル、チェリー、ブラックウォールナットというインテリアの三大銘木が内装の材料に使われるようになり、それを扱う家具店も増え始めていた。そういったナチュラルな素材感のある路線で、さらに無垢のものを訴求していく。

ターゲットは、シンプルナチュラルを特に好む世代、二十代三十代のニューファミリーである。若い人が新築して家具を買う時、何度も買い替えることは想定していないだろう。一生に一度の買い物。インテリアにこだわる若い世代ならば、富山市内から車で一時間ほどの福光にも「良い物」を求めて買いに来てくれるはずだ。

宣伝も従来のチラシではなく、雑誌広告を使うことにした。打ち出したコンセプトやターゲットに宣伝媒体も適合させるべきだと考えたからだ。「長く愛され続ける良い家具」を福光でも売っていきたい。

〝良いこと〟の循環

福光店は砺波店に比べても売り場面積が狭く、品数や立地条件、広告宣伝力などあらゆる面で大型店に後れを取っていることは否めない。しかし、その一方で顧客と応対する「社員力」では絶対に負けていないという自負があった。ならば、それを十分に活かせる店づくりをしなければいけない。

天井も低く広いとは言えない売り場だが、逆に温かみのある雰囲気を作りやすいとも言える。店内での展示の仕方を工夫してコーディネート提案を強みにすれば、何よりも「社員力」を活かすことができる。

若い社員がやる気を持って力を発揮してくれれば、必ず店は新しい方向へ成長していくことができる。

この雄世の確信は当たり、店に来る顧客の反応は目に見えて良くなっていった。コーディネートされた家具に目を輝かせ、その価値に満足して購入してくれる。自宅へ商品を届けると、「この部屋が素敵になったよ、ありがとう」と言ってもらえる。

この顧客の喜びが若い社員の「働きがい」へと繋がり、それがまた彼らの提案力をさらに磨いた。〝良いこと〟が循環し始めたのだ。

この循環は、次第に周りの社員へも広がっていった。やはり顧客に喜んでもらえることが、社員にとって一番の喜びなのだ。

この前向きな姿勢は徐々に店全体へと広がっていった。それまでの売上げ減から脱し、福光本店はついに大きな変革を達成したのである。

脱「町の家具屋さん」へ

福光本店の店内

福光店は閉店セールを行い一時休業してからリニューアルオープンがなされたが、砺波店ではあえて大規模なリニューアルは行わなかった。福光店がコンセプトショップとして差別化されたおかげで、ひな人形、五月人形、天神様といった商品を砺波店のみで扱うことになり、地域の家具店としての役割が増したのだ。

そのため砺波店では、クロス工事やカーペットの張り替えなどから始め、少しずつ段階的に店内の改装を行っていった。商品構成も少しずつ「安さを売りに

砺波店の店内

した商品」を減らし、時間をかけて新たなコンセプトに近づけていくようにした。

世の中の流れは、変化と追随の繰り返しだ。目新しいものに人気が出ると、業界全体の流れがそちらへ傾いていく。

例えばウォールナットという素材が人気になったら、どのメーカーもウォールナットの家具を作るようになる。そうすると大型店の仕入れもウォールナットが増え、顧客が目にする家具も同じ系統が多くなり、目新しさがなくなっていく。

当時は少なかったシンプルナチュラル路線も同じだった。福光本店のコンセプトもリニューアルから数年後には、追随する他店との差別化のために自然とアッパーグレードな方向へと変化していった。ナチュラルでありながら、よりグレードが高いものへ。その移行に伴って、ターゲットもまた二十代三十代から四十代五十代へと変化していった。

そういった時代の流れの中で、次第に砺波店も変化していく必要があった。それまで福光本店で扱っていたニューファミリー向けのシンプルナチュラル路線が、徐々に砺波店へと引き継がれることになったのだ。

若い世代の人たちがわくわくするような店へ。こうして砺波店のコンセプトも徐々に明確化していった。

「ARTREE」リニューアルオープン

この間、「シュクレ」の方でも変化が起こっていた。

四、五年の間は伸び続けていたものの、ライフスタイルの変化から婚礼家具の需要が減ってきていた。婚礼需要から新築需要へとシフトせざるを得なくなったのだが、そうなると食器棚やソファ、食卓セットなどで商品力の弱さが目立ってきた。

一時期は石崎家具の社員も「シュクレ」の商品開発に関わっていたが、販売力が落ちてくるとメーカーとの連携も難しくなる。業界の不景気で廃業するメーカーも何社か出始め、ついに「シュクレ」のフランチャイズ終了が決定したのだ。

その二年ほど前から、富山店では「シュクレ」のオリジナル商品以外も仕入れるようにしてきた。徐々にその割合を増やしていきながら、フランチャイズ終了後のコンセプトを模索していたのだ。富山県内で他にはない店にしなくてはいけないし、福光本店や砺波店との差別化もしなくてはならない。

ARTREE 外観

富山店の特徴といえば、「シュクレ」がブライダル家具だったことから、女性客をターゲットにしてきたこと、また社員も女性が活躍してくれていたことだ。そこで、それを踏まえて、「新婚世帯」から「三十代・四十代の女性とその家族」へとターゲットを移していくことにした。

ARTREE 店内

こうして、平成二十七年八月、「ＡＲＴＲＥＥ（アートゥリー）」と名を変え、富山店がリニューアルオープンした。

店名の「ＡＲＴＲＥＥ」は、「ＡＲＴ」と「ＴＲＥＥ」を語源にしている。

「ＡＲＴ」は、経営理念にもある美しい自然の恵みを人々の暮らしに創造的に活かすこと。「ＴＲＥＥ」は、日々少しずつでも成長する木のように、自分たちも成長していくということ。その二つを組み合わせた「ＡＲＴＲＥＥ」には、自然の木々が持つ魅力を生活に取り入れて暮らすことの良さや、そうして受け継がれてきた家具の文化を自分たちも受け継ぎ、次世代に伝えていけるショップになるという想いが込められている。

「提案力」で勝ち抜く

どの店舗も重要になるのは、その提案力だ。

大型店のように価格と品数で人を呼ぶことはできない。だからこそ価格よりも価値を求める人へ、「本当に良いもの」だけを、石崎家具だからこそできる提案力で提供しなくてはいけない。


そこで雄世が着目するのがダイニングチェアだ。

通常ならダイニングテーブルとダイニングチェアは一つのメーカーのセット品として展示するのだが、それでは提案できる数が少なくなってしまう。

しかし、逆にダイニングテーブル一つに対して数種類のダイニングチェアをコーディネートすることで、提案の幅を大きく広げることができる。

チェアの製造は家具の中でも特に難しい。設計力もいるし、技術力もいる。しかも良いチェアは一度では作れない。作ったものを試し、何度も繰り返し改良していくことでしか良い物はできない。国内でもテーブルを作れるメーカーは多いが、良いチェアを作れるメーカーは少ないのだという。

さらに、テーブルはサイズ変更や高さ調節などオーダーに対応できるメーカーも多いのに対して、チェアはほとんど対応不可だ。だからこそ、あらかじめ良いチェアを揃えておかなくてはいけない。

要するに、良いチェアを取り揃えておくことそれ自体が、そのまま店の「強み」になるのである。

雄世は福光店のリニューアルに際して、国内メーカーの良いチェアを片っ端から

ペリカンチェア

集め始めた。仕入れを担当する社員には、展示会ですべてのチェアに座って、デザインと座り心地の良いチェアはすぐに仕入れてくるように、逆に座り心地の良くないチェアはどんなにデザインが良くても決して仕入れないように命じた。それは現在でも変わらない方針だ。

海外では古くからパーソナルチェアが多くデザインされている。

一九四〇年にデンマークで生まれたペリカンチェアや、一九五〇年代にデザインされたイージーチェアなどがそうだ。「ARTREE」ではそういった歴史のある北欧家具を導入することで店の個性とした。

パーソナルチェアは国内ではあまり作られておらず、普通の家具店では置いていない。何しろチェア一脚で家族全員が座れるセットものと同じくらいの価格なのだ。また、家族団らんが日本人のライフスタイルの主流だったので、個々のための椅子というのはこれまで日本人には馴染みがないものであった。しかし、そういった他の店が置きたがらないものだからこそ強みになると考えている。

オリジナル家具

福光店のリニューアル後には、社員のデザインによるオリジナル家具の開発と販売にも取り組んでいた。

ARTREEオリジナルデザインの収納「アーバン」

もともと福光本店ではシンプルナチュラル＋カスタムメイドとしてサイズオーダーなどには対応をしていたのだが、シンプルナチュラル路線の定着に伴って、オリジナルのオーダーメイドの収納家具がさらなる差別化に繋がると考えたのだ。

その後は福光本店だけではなく、砺波店、富山店それぞれの店舗でそれぞれのコンセプトやターゲットに合ったフルオーダー収納家具を開発した。

例えば「ＡＲＴＲＥＥ」では、収納量が大きく家電製品も隠せるタイプと、逆にお気に入りのカトラリーやキッチン雑貨を飾ることのできるオープンなタイプのキッチン収納を展示している。

全く逆の価値観から生まれたデザインの家具を顧客に見てもらい、さらにサイズや機能、素材などの要望を聞きながら社員がデザインをまとめていく。そういった提案力が各店舗の強みとなっている。

専門店の目利きで一歩先を見た提案

「お客様目線という言葉を勘違いしてはいけない」と雄世は言う。

必要なのは「専門店の目利き」だ。

「お客様目線」で安いものを仕入れて売りやすい価格で売るのではなく、専門家の目で価値ある良いものを仕入れてその価値に見合った価格で売る。もちろん、価格が高いからといって、必ずしもそれが良いものであるとは限らない。だからこそ、専門店としての「目利き力」が大事になる。

店舗でのレイアウトや接客、配達に家具の組み立てなど現場での経験はもちろん、全国の展示会で様々な家具に触れて観る目を養い、メーカーへも足を運んで作り手の話を聞くこと。社員らにはそういう経験をしてもらう。社員教育は社内だけでできるものではない。何よりも外部からの刺激が、社員を大きく成長させるのだ。

メーカーと顧客の間に立つ小売店だからこそ、顧客の要望とメーカーの想いをつなぐことができる。そこに専門店の役割がある。その役割が果たせるように社員の能力向上に常に心掛けている。

さらに、世の中やライフスタイルの変化を読み取り、一歩先を見た提案力が専門店には求められる。

たとえば、家具業界は、住宅業界の影響を強く受ける。どんな家に住むかが、どんな家具を買うかを決定づけるとさえいえる。そして、その住宅のあり方は、日本人のライフスタイルの変化を映し出す。メーカーとしても小売店としても、そういった変化を読み取って、それに合った価値ある商品を提案していかなくてはならない。

しかし、現実には、すでに人気を得た商品を「後追い」するのが精いっぱいというメーカーが多い。

だからこそ、石崎家具の小売部門は情報収集に力を注いで、メーカーへ積極的に提案していけるようにならなくてはいけないのだ。

「不断の改革」こそ、石崎家具の伝統

この数十年で、家具業界の構図、そして家具店のあり方も大きく変わった。

そして今、どの企業も厳しい競争に晒されている。

何かに挑戦し、仮に上手くいったとしても、同じことを続けていればいずれ尻すぼみになって競争に敗れていく。ライフスタイルの変化が業界の地図を一変させてしまうこともある。

「これでいいのかと常に問う。このままじゃ駄目だと危機感をもつ。それが改革に繋がるんです」と雄世は語る。

創業者から二代目、そして三代目へと引き継がれてきたもの、それは「不断の改革」にほかならない。それこそが石崎家具の伝統なのだ。

その伝統は現在も引き継がれ、二〇一四年には「五年後（二〇一九年）の将来ビジョン」として次のことが掲げられている。

石崎家具三店舗

「空間デザイン、家族のライフスタイルの作り手集団」として、インテリアコーディネート、店舗デザインを手掛ける、地域で最も信頼されるショップとなる。

ベビーベッド工場

人々に広く認知された国内育児家具のトップブランド「スリーピー」を製造するメーカーとなる。

たとえば石崎家具では現在、地域の工務店（ハウスメーカー）との連携を広げている。その一つは、新築完成時の展示会の家具コーディネートだ。

工務店にとって新築住宅の内見会は絶好のＰＲの場であり、他社との差別化のためにも、生活空間の演出には力を入れている。石崎家具が自社の特徴を打ち出したインテリアで各部屋をコーディネートすれば、特別な生活空間を演出することができる。それがハウスメーカーの販売力を高めることに繋がるのだ。

また、展示会だけではなく、新築中の施主への家具コーディネート提案の依頼も請け負っている。こだわって家づくりをしている工務店は、「せっかく良い家を建てたのだから、そこに住む人たちには良い家具を使ってほしい」と思っているのだ。そのため、インテリアの専門家として相談に乗り、施主である顧客の様々な要望に応えている。

こだわりの家具を揃えている石崎家具は、工務店にとっても強い味方なのだ。こうした連携は、現在数社のハウスメーカーへと広がっている。

石崎家具の社員は皆、家具インテリア好きだ。それぞれに好きな家具があり、インテリアを楽しむ心と、何よりも顧客に良い暮らしをしてもらいたいという想いがある。家を建てる地域の工務店と、そこに住む地域の人との間に立ち、実際の生活空間作りの役に立つために力を発揮してくれる。

「インテリアは感性が活かされる仕事です。お客様とのコミュニケーションを通して、社員たちには自身の感性を大いに活かして創造的な提案をしてほしいと思っています。そういった社員がいることが石崎家具の一番の強みであり、それなくしてはビジョンの達成もないのですから」。雄世はそう語る。

その想いはベビーベッド製造においても同じだ。

スリーピーでは、超ロングセラーのワンタッチ式折りたたみベビーベッドの他にも、数多くのヒット商品を開発してきた。その時代のニーズに応える商品開発力は、メーカーにとって決して欠かせないものだ。

これからも安全で品質の良い製品作りを追求していくのはもちろん、市場ニーズを先取りした商品を開発していくためにも、若い社員を育てて時代の変化に対応できる「現場力」を磨いていかなくてはいけない。

現在は加工のほとんどを機械がやってくれるが、製品として本当に良いものができるかどうかは、やはり作り手一人ひとりに掛かっている。創業の頃のように一人の職人が一つの家具を最初から最後まで仕上げることはなくなっても、社員一人ひとりが家具作りの様々な工程を学び、自身の工程の役割や重要性を理解していなくては良いものを作ることはできない。

慣れた仕事を効率良くこなすだけではなく、他の工程や機械をも扱えるよう成長していくことで、開発力や技術力もまた向上していく。そうした社員の成長が、スリーピーブランドを確立させる。

時代の変化に応じて企業を変えていくのは、他ならぬ人なのだ。

そういった人材を大切にしてきた社風こそが、石崎家具の不断の改革を支えてきたのだと言えるだろう。

全世代の〝家具にこだわる人たち〟と共に

以前は、「町の家具屋さん」として変わらず店を続けることが、地域の人から信頼を得て、「頑張っていますね」と評価を受けることになる。皆がそう思っていた。しかし、時代の変化は人々の意識も変えていく。いつの間にか「町の家具屋さん」は「時代遅れの家具屋さん」というレッテルに貼りかえられる。

いつまでも地域の人々に愛され続ける家具屋とはどういう家具屋なのか。

その問いを抱きながら、雄世の挑戦は今も続いている。

結婚して新居を構える二十代から三十代。

子育ても少しずつ落ち着き、余裕が出始める三十代から四十代。そして、歳月を経て目利きの力もついた四十代から五十代。石崎家具は家具メーカーとして、また家具専門小売店として、こうした全世代の人たちに長く愛され続ける家具を提供していく。そのために「不断の改革」を怠らない。それが石崎家具の伝統である。

——この道の先に輝く未来があることを信じて、石崎家具はこれからも家具を愛する多くの人々と共にこの道を歩み続けていく。

新年会での記念写真　旅亭みや川にて
2017 年 1 月

インタビュー「当時を知る」①

中村　實氏

昭和三十二年の入社から工場に勤め、ベビーベッド製造を始めた当初から担当する。平成十五年に定年退職するまで取締役工場長として貢献し、工場社員のまとめ役としても厚い信頼を得てきた。現在も新設備導入の際には、長年の経験と知識から助言をしている。

◆石崎家具へはどういったきっかけで入社されたんですか？

私が入社したのは昭和三十二年頃で、当時私は二十一歳か二十二歳でした。体を壊してそれまで勤めていた会社を退職し、一年ほどが経っていました。それで、創業者の友吉さんが「うちで働かないか」と声をかけて下さったんです。

友吉さんの姉夫婦には子どもがいなかったため、小さい頃に養子に入ったのが私なんです。それで、子どもの頃から友吉さんの家へ遊びに行くことも多く、工場で働く職人さんたちも皆顔見知りでした。

当時、福光本店が現在の場所に移転したばかりで、まだ店舗の奥に工場が併設されていた頃です。工場には水木さん、森井さん、金田さん、荒木さんという創業からの四名の職人さんがいまして、私は荒木さんに教わりながら塗装の仕事をしていました。

当時は二尺五寸や三尺五寸といった子ども用の勉強机がどれだけ作っても追い

つかないほど売れていました。塗装したてのものでも良いからと言って買っていく人もいたくらいです。職人さんたちは初めの木取りから組立まですべて自分でやっていて、皆さん競うように毎日一人二台から四台ほども作っていました。

他には、布団などを収納する夜具タンスなども作っていましたね。

――◆ベビーベッドの製造はいつ頃から担当されていましたか？

ベビーベッドの製造が始まったのは、私が入社してから二年ほど経った時のことです。工場が寺町に移転されて、その時からベビーベッドの製造が私の仕事になりました。当時は手押しカンナで一本ずつ木材を加工して、角穴や丸穴を開けて組み立てるのも手作業です。それでも日に十台、月に三百か四百台は作っていましたね。

――◆当時のことで印象に残っていることはありますか？

ベビーベッド製造を始めてからは人も増えましたので、移転した工場もすぐに手狭になってしまいました。男性が五、六人で、女性も五人ほどいましたね。最初は塗装の工程だけ元の店舗の作業場で行っていましたが、三年ほど経ってから近くの小学校の校舎を買い取って増築することになりました。

昭和三十八年のことで、その年は「三八（さんぱち）豪雪」といって、暮れから正月にかけて記録的な大雪が降った年です。ちょうど増築工事中だった工場は、屋根が野地板の上に防水のための板を打ち付けたトントン葺きの状態で、まだ瓦が載っていなかったんです。そこに大雪が積もってしまって、友吉さんが屋根に上って雪降ろしをされていたのを今でも覚えています。

その後、増築が完了したのは夏です。その頃には工場の社員は十人余りになっていて、それ以降はベビーベッド製造が工場の主体になりました。

数年後には工場の敷地に道路が通るからということで、今度は福井県の中学校から体育館を買い取ってまた移転することになりました。あの時は、解体した材木を運ぶために何台もトラックを出して、憲秀さんも一緒になって何度も往復したものです。当時は高速道路がないからずっと下道で、時間が掛かりましたね。

工場の建物には二階があったのですが、床が緩かったので製造では使いませんでした。その代わりに二階では社員全員で卓球大会をやったり、山祭りの日にはレクリエーション大会をしたり。皆仲良くやっていました。

――◆工場長になられた時のことを聞かせて下さい。

正式な肩書にはなっていませんでしたが、その頃には私が工場長のような形でやらせてもらっていました。憲秀さんと二人でベビーベッド事業を担当して、憲秀さんは営業を、私が主に製造の方を担当していました。

増築や移転の度に人が増え、板を縦に割るリップソーなど新しい設備も増やして、製造を効率化していきました。

それが火災で全焼した時は、責任も感じ本当に辛かったです。自宅が近かったのですぐに工場に駆けつけて事務所にある台帳を抱えて……。買ったばかりのトラックもあったので何とかエンジンを掛けて敷地の外まで出しました。それで戻った時にはもう火の海で、機械設備もリフトも全部燃えてしまって……。

それでも、すぐに借り工場で再開できたのは本当に幸いでした。しかも木工業の工場跡地でしたので、利用できる設備がたくさんありました。その後、工場が現在ある遊部川原に移転された時は最新の設備を導入していきました。昭和四十八年頃は第二次ベビーブームで、月に二千台も製造するまでになっていました。

昭和五十年に友吉さんが亡くなられて、先代の博之さんが社長に就任された時に、私も正式に工場長になりました。

――◆中村さんにとって工場の転換期というものはありましたか？

先ほどお話しした遊部工場の火災と、昭和五十一年にベビーベッドの登録認定工場になったことですね。
認定を受けるためには、法律に沿ったベビーベッドを作る製造規約や機械管理規定、従業員就業規則などの書類が必要なのですが、当時お手本になるものもありませんでしたから大変でした。事務所にこもって二ヶ月ほどかけて書類を作成したのを覚えています。

この時、福光で同時期に登録認定を受けた会社が二社ありました。太平産業さんと中越ハウジングさんです。認定には製品の耐久度を検査することも必要だったので、落下衝撃試験機などを三社で共同購入して、近くの工場跡地にあった小屋の一室を借りて設置しました。

どちらも規模の大きい会社でベビーベッドだけを製造していたわけではありませんでしたが、弊社と同じく月に二千台ほど生産していたと思います。それが三社あるということは、この福光だけで年間七万台以上のベビーベッドが作られていたわけです。

その頃の年間出生数が百五十万人前後ですから、福光はベビーベッドの大きな産地だったと思います。

ですが、その後に中越ハウジングさんが廃業され、太平産業さんも後に三光合成さんと合併してベビーベッド製造を止めてしまいました。現在、試験機はうちの工場敷地内の小屋に設置してあります。

ベビーブームが終わって子どもの数が減り、規制緩和されて安い輸入品も入ってくるようになりました。それまで国内の登録認定工場で作ったものしか販売できなかったのが、ロット認定と言って、例えば海外などで作った製品も抜き取り検査で合格すれば国内で販売できるようになったんです。

全国で三十数社あったベビーベッド製造会社が、今ではもう四社になりました。

そんな中でも弊社が残ってこられたのは、保育施設向けベビーベッドの製造に進出したのが大きかったと思います。

東京でベビー用品の製造や販売をしているマスセットさんと取引ができたのは、非常に良かったと思いますね。


――◆石崎家具での仕事を振り返っていかがですか？


長く勤めさせていただいた中で何度も設備投資をしてきましたが、どれも記憶に残るものばかりです。

木材の両端をカットしてホゾ取りをするダブルエンドテノーナ、デジタルで位置を決めて角穴を一度に五つ開けられる機械や、六本の木材に丸穴と角穴をあけるNCボール盤と八軸モルダーなど。

木材を研磨するベルトが二連式のワイドベルトサンダーは二回買い換えました。

現在使っているものは、それまでの機械の長所や短所をふまえてメーカーにオーダーメイドで作ってもらったものです。

工場長としての事務所での仕事の他、六十歳まで塗装もやっていました。また、導入した機械のメンテナンスもずっと私が担当していました。もともと機械を触るのが好きだったので、仕事はとても楽しく充実感がありました。調子の悪かった機械をメンテナンスして直すと、使う人にも喜んでもらえますからね。

これまでを振り返って、私自身よく頑張ってきたと思います。

平成十五年に六八歳で退職しましたが、それまでの経験から、今でも設備導入をする際には相談しに来て下さっています。昨年、最新型のダブルエンドテノーナを導入しましたが、私も尚樹さんと一緒にメーカーへ同行し、機械構造の主要諸元など改良点を話させてもらいました。

石崎家具で勤め続けて、私の人生はとても充実したものだったと思います。

インタビュー「当時を知る」②

石崎昭子氏

二代目石崎博之の弟で前専務、後には相談役としてベビーベッド製造を担当してきた石崎憲秀の妻であり、現専務石崎尚樹の母。結婚後に石崎家具へ入社し、工場の事務担当として憲秀と共に長年工場を支えてきた。

――◆入社されたのはいつ頃ですか？

私が入社したのは、結婚して一年ほどが経った昭和四十年の二月でした。寺町の工場が増築されて、ベビーベッドはすでに量産体制になっていた頃です。

工場の一角にあった事務所から続いて住居スペースが作ってあり、家族でそこに住んでいました。住まい兼宿直のようなかたちですね。

私は事務を担当して、経理や社会保険の手続きなどを行っていました。そちらが暇な時には工場へ行って、機械は使えないのでベビーベッドの床板を作る手伝いもしていました。綿を載せた板を布で巻いてもらって、その縁を一つひとつ手作業で鋲止めしていました。

――◆会社の雰囲気はいかがでしたか？

社員は十人あまりいて、アットホームな雰囲気でしたよ。

入社時は私が最年少でしたが、一、二年目から中卒の方や技能学校を卒業された方が入社されました。五年も経つ頃には高卒の方の募集もしましたが、高度経済成長期で「高卒は金の卵」と言われていた時代でしたから、なかなか若い人は採用できませんでしたね。その頃は売り上げも伸びて増産体制でしたが、どうしても高齢などで辞める人もいますので常に人手が足りないくらいでした。

その頃に新卒で来て下さったのが中嶋外喜夫さん、河合武雄さん、東田功さん、三浦伸也さんです。その後はなかなか若い人は来られなくて、何年も三浦さんが最年少でした。今も続く伝統で、新年会などの司会はその年の新入社員が担当することになっているのですが、あの頃は新しい人がとれなくて三浦さんが何年もやって下さっていました。

皆さんその後何十年も勤続して下さって有り難いことです。

――◆特に記憶に残っている出来事はありますか？

やはり一番強く記憶に残っているのは火災です。

バイパスが通るということで工場を寺町から遊部地内に移転した時、私たちの住まいはそのままの場所に残りましたので、新工場では別に宿直員の方を採用していました。昭和四十七年の暮れに火事が起きたのが深夜十一時四十分頃で、見回りをされた時には燻っていてわからなかったのでしょうね。火は燻っている時間は長くても、一度火が上がるとあっと言う間です。ほとんど全焼の状態で、とにかくあの出来事はショックでした……。

それでも事務所棟は後から火がついたようで、書類や売上げ台帳などの入っている書庫は何とか燃える前に持ち出してもらえました。そのおかげで、事務的な仕事はその後すぐ再開することができました。

材料置き場に積んで天然乾燥させていた材木も無事でした。運良く栄町の空き工場を借りられたおかげで、そこら中から大急ぎで設備を仕入れることですぐに生産再開できました。その翌年には現在の遊部川原に新築移転できましたし、実際に製造ブランクあったのは、ほんの一ヶ月ほどだったはずです。
深夜で社員は全員無事だったことと、隣近所に類焼は全くしていなかったのが不幸中の幸いだったと思います。もし類焼していたら、その後の再開もそんなスムーズにはいかなったでしょうね。

新しい工場になってからも宿直の方はいましたが、五年か十年ほどの間に宿直をする人自体が少なくなっていき、それからは私と憲秀さんで毎晩寝る前に懐中電灯を持って火の元を確認するのが習慣になりました。焼却炉などがあって燃えやすいのが木工業界ですから、今でもやっぱり火事だけは怖いです。一度火事になったから二度は起こさないという保証もないですから、最後までずっと火の用心は気を付けないといけないことです。

――◆新工場に移ってからの仕事はいかがでしたか？

現在の工場になってからは規模も大きくなって、社員も一番多かった頃は工場だけで二十名以上にもなりました。

その頃は第二次ベビーブームで業績は右肩上がりでした。第一次オイルショックの頃でもありましたが、赤ちゃんは年々生まれていた時代ですからそれほど影響はなかったように思います。夏場など一時的に売上げが伸び悩んだ時には、小売り店舗用にタンスや机など単品の品物を作っていた時期もありましたね。

私の仕事は事務でしたが、社会保険の手続きや福利厚生の対応もしていましたし、何より憲秀さんと昼も夜も一緒におりましたから、社員さんのお話を聞く機会も多かったです。個人的な悩みなんかも耳に入ってきますし、私が相談を受けて憲秀さんに話したり、その逆の場合もありました。それで解決できるように二人で話し合ったり……。

人手不足の時は売り手市場で、それこそ毎年毎年の昇給が他に追いつかないこともありましたが、社員の皆さんも良い方ばかりでアットホームにやってこれたのが良かったと思います。

例えば、社員さんが労働組合などの組織に入ると、権利を強く主張されてしまって経営者と社員の間で雰囲気が悪くなってしまうこともあります。この業界でも、その辺りが上手くいかなくなって経営が続かなくなってしまった会社もあったと聞きます。

弊社でも高度成長期の一時期、労務改善委員会に社員数名が選ばれていました。それで、代表の方から会社に対する社員の要望などを聞いたりしていたのですが、いつの間にか立ち消えてしまいました。委員会を開催してもあまり意見が出なくて、要望があればその都度耳に入れてもらえば良いということだったようです。

やっぱりアットホームに皆で楽しく頑張って、利益が上がったら役員ばかりで分け合うのではなく、皆の意見も聞いて全員に還元する。どんな会社だって社員さんがいなくては成り立ちません。長い間受け継がれてきたその考えが、弊社の雰囲気であり伝統だと思います。

――◆昭子さんにとっての「転換期」というのはありましたか？

ずっと高成長が続いたわけではなく、やはり低成長な時期もありました。以前は家具の問屋へ卸すことが多かったのが、徐々に家具店へ直接卸すことも増えていきました。家具業界で大型店が増えましたから、そうすると問屋から仕入れている小さな家具店が苦しくなりますからね。必然的に問屋も減っていって、メーカーと小売店が直接取引をするようになりました。

その後にはベビー専門店も出てきて、今度は家具店でベビーベッドが置かれないようにもなっていきました。子どもの数も減りましたし、ライフスタイルも広いお家に何世代も住む形からアパートなどに若い人だけで済むようになりましたね。それでベビーベッドもリースになったり、個人で買う人も少なくなっています。

そんな中で弊社は、福井のジャクエツさんや東京のマスセットさんといった保育施設関係の問屋へ業務用のベビーベッドを卸すようになりました。子どもは少なくなっていても、働くお母さんは増えているので保育施設ではベビーベッドがたくさん必要になります。そういう施設では長く使ってもらえますし、壊れた時や金具を失くした場合などに備えてずっと付き合っていただけます。

また、個人で買われる方の買い方も変化しました。家具店からベビー用品店になり、そこからさらにネット通販で買われるようになりました。現専務の尚樹さんが早い時期からネット販売を始めて、今ではその売り上げが大半を占めています。

やはりずっと昔と同じことをしていては駄目で、時代の流れを見て対応していかなければいけないのだと思います。弊社もずっとワンタッチ式折りたたみベビーベッドを作り続けていますが、それだけでは真似をされて終わっていたでしょう。尚樹さんがネット販売用に開発して楽天でナンバー1にもなった商品が、そっくり真似されてしまって売り上げが落ちたこともありました。

ですので、逆に新しいことばかりしていてもいけないですよね。今大変売れるからと言っても、いつかはやはり落ちる時はきます。

デスクや収納棚にもなる5WAYベビーベッドなどは、NHKの朝の番組で取り上げられて大変な売れ行きでした。その後にもう一度放送させてほしいというお話もありましたし、東急ハンズさんからも引き合いがありましたが、とても現在の生産能力では対応できないのでお断りしたんです。新しい商品にだけ注力して、業務用ベッドを継続して買って下さっているお得意様にご迷惑を掛けるわけにはいきません。

長く可愛がって下さっているお得意様を大事にしながら、時代に合わせてやっていかなくてはいけないですね。

――◆最後に、相談役だった憲秀さんは、昭子さんから見てどんな方でしたか？

寡黙で、不言実行型の人ですね。面倒見が良くて、何かをして下さる時も恩に着せるようなことがなく、気が付いたらちゃんと出来上がっているような人でした。先代で兄の博之さんとは性格が違っていて、それがまた良かったのではないかと思います。博之さんも弟想いで心の広い方ですから、支え合いながら互いに協力し合って、仲良くこの日まで来られたことに感謝しています。

憲秀さんは平成二十五年に肺炎で亡くなりましたが、その時には社員さんはもちろんすでに退職された方も皆さんお葬式に参列して下さいました。皆さん良い方で、その後も命日を覚えていて一周忌や三周忌といった時にお墓参りに来て下さった方もおられます。憲秀さんと社員さんの間で、やっぱり何か通じるものがあったのかなと思います。

私にとって石崎家具は、結婚してから仕事でも私生活でも百パーセント一緒に歩んできた会社です。社員の皆さんとも一緒に歩んできて、こうして七十年を迎えることができたのは本当に有り難いことです。ずっと順風満帆だったとは言えないかもしれませんが、それでも経営面や人との繋がりなど、全部ひっくるめていい形でやってこられました。

そして、今こうして石崎家具があるのも、創業から代々ずっと受け継がれてきたものがあるからです。ある程度の基盤があるところに入ってきた私たちとは違って、何もないところから起業された友吉さんの努力は並々ならぬものだったでしょう。そのことをいつも心に思って頑張っていかなければいけないなと思います。

石崎家具年表

年月	会社の出来事
1946年　2月	旧福光町栄町において、創業者石崎友吉が西村外次郎、西村義男と丸共家具製作所を設立。主として学校、保育園などの机や椅子を受注製造する。
1948年　3月	両西村氏の帰京のため、丸共家具製作所を解散。石崎友吉の個人経営で石崎家具製作所を設立。
9月	旧福光町中央通地内に小売店を新設。(貸店舗)
1953年	旧福光町東町商店街に自社店舗二十坪を確保し、移転。
1956年　4月	東町商店街の六七五八番地に小売店と工場を移転し、統合。土地百三十坪、現在の本社所在地となる。工場では、店で販売する机やタンス(寝具、整理)、注文品を製造。
1959年　3月	工場を、旧福光町寺町に移転。小売店売場を拡張する。ベビーベッドの量産を開始。ワンタッチベッド、ダブルサークルを生産。
1963年　7月	工場を増築。福野小学校の校舎の一棟を買って、解体し移築建設。法人組織に改め、石崎家具株式会社と称す。(会社設立) 資本金二百五十万円。
1965年　10月	本社を建て替え新築。鉄骨三階建て(一・二階売場、三階住居) となる。増資三百五十万円となる。
1967年　5月	工場を旧福光町遊部地内に移転。福井県の芦原中学校の体育館を購入、解体し移築建設。
1971年	増資七百五十万円となる。

年	月	事項
1972年	12月	工場が火災により全焼（十二日夜）。敷地内の材料(天乾材)は無事。半年間借工場(旧波多製作所・栄町)にて生産。
1973年	7月	工場（和泉工場）を現在地(遊部川原十二番地)に移転、新築。土地千八百坪。建物延べ九百坪となる。
1975年	10月	増資千五百万円となる。
	10月	石崎博之が代表取締役社長に就任(三十八歳)。創業者石崎友吉、永眠。
	12月	和泉工場敷地内に倉庫を新築。**ダブルエンドテノーナ導入**
1976年	5月	ベビーベッドが通産省の特定商品に認定され、和泉工場が登録認定工場となる。
1977年	10月	砺波店を新築開店。(砺波市広上町九―三六）売り場面積三百五十坪。
1979年	4月	本社・福光店を商店街近代化に伴い、改装。住居を移転し、三階まで売場とし、面積三百三十坪となる。**3軸ルーターマシン導入**
1980年	4月	**プロフィールサンダー導入**
1983年	6月	**ベビーベッド専用NCボーリング機導入**
1986年		子会社として、海外商品輸入卸のアート工芸(株)を設立。
1987年	6月	**自動多軸モルダー導入**
1987年	12月	和泉工場の敷地内に事務所及び倉庫を新築。
1992年	7月	**両サイドクロスオートボーラー導入**
1994年	1月	インドネシア　ドムシンド社からベビーベッド半製品の輸入開始
	10月	東京育児用品総合見本市に初出展（浅草台東館にて）

年	月	事項
1996年		インドネシア　カユラミン社からベビーベッド半製品の輸入開始
1997年	10月	**CADCAMシステム導入**
1998年		スリーピー自社HP開設
2000年	7月	ヤフーオークションにて販売開始
2001年	2月	富山市西長江四—八—二七にシュクレ富山店を開店。（貸店舗百二十坪）
2001年	10月	**NCルーター導入**
2003年	10月	マレーシア　ツインズ社からベビーベッド半製品の輸入開始
	6月	**焼却炉導入（買い替え）**
2006年	5月	福光店改装リニューアル工事。
2007年	7月	ヤフーショップ出店
	7月	シュクレ富山店の土地、建物を自社物件とする。
2008年	3月	砺波店一階壁クロス工事。
2009年	5月	工場倉庫、アート工芸小屋根塗装
	6月	砺波店看板塗り替え工事。福光店三階天井・壁塗装。
	9月	役員改選。代表取締役会長　石崎博之、代表取締役社長　石崎雄世。 専務取締役　石崎尚樹、相談役　石崎憲秀となる。
	11月	楽天市場にスリーピー出店
2010年	5月	砺波店、二階フロアの一部カーペット張替え工事。
2011年	12月	福光店三階フロアの一部カーペット張替え工事。

年	月	事項
	8月	**NC丁番加工機導入**
2012年	6月	砺波店一階床材張替えリニューアル工事。
2013年	6月	砺波店トイレ改装工事。
	11月	インドネシア　ドムシンド社からベビーベッド半製品の輸入再開
	12月	アート工芸を解散。石崎家具と合併。
2014年	4月	工場内トイレ改装工事。
	6月	福光店トイレ改装工事。
	9月	**ワイドサンダー導入(買い替え)**
2015年	8月	シュクレ富山店をリニューアル。「ARTREE」となる。
2016年	4月	工場事務所棟の外壁塗装工事。「SLEEPY」の看板。
	5月	大連　良園社にてベビーベッド半製品の生産開始。
		ダブルエンドテノーナ導入(買い替え)

あとがき

石崎家具の「今」を知ろうとする人たちの一助となる――本書がこの目標を首尾よく達成できたかどうかは読者諸氏の判断にゆだねるほかはない。しかし、石崎家具の七十年の歩みを、本書ですべて表すことはもとより不可能である。取材で得た情報の中には、本書に収めきれなかった興味深い出来事が数多くあった。字数の都合でそれらの掲載を断念せざるをえなかったのは悔しい限りだが、七十年という時の積み重ねはそれほどに重く、また稀有なものだということでもある。

本書の出版は多くの人々の協力の賜物である。なかでも忙しい時間を割いて何度も快く取材に応じて下さった石崎博之会長、石崎雄世社長、石崎尚樹専務、中村實氏、石崎昭子氏には心より感謝を表したい。末筆となったが、スモールサン主宰であり、本書の編集にも関わっていただいた山口義行立教大学経済学部教授からも、執筆の過程で多くの貴重なアドバイスをいただいた。記して、謝意としたい。

二〇一七年一月

大崎まこと

「ゆずり葉シリーズ」とは

新葉の生長を見届けてから、安心したかのように旧葉が散っていく——そんな樹木につけられた名が「ゆずり葉」。スモールサン出版では、世代間コミュニケーションの向上に貢献したいという想いから、本シリーズを「ゆずり葉シリーズ」と名づけました。

著者紹介

大崎 まこと（おおさき まこと）

日本の産業を根底から支える中小企業とその経営者たちに強い興味を持ち、中小企業の情報発信を目的に現場レポートを専門分野として活動している。
著書に『〝アントレプレナー〟な経営者たち　1人の学者と20人の経営者が切り拓いた新規ビジネスと中小企業運動』（スモールサン出版）、『コーリン　女性の自立のために…　ある経営者の軌跡』（スモールサン出版）がある。

木と親しんで70年
石崎家具創業からの歩み

2017年7月31日　初版発行

著　　者　大崎 まこと
定　　価　本体価格1,600円＋税
カバー写真　（表紙）昭和28年11月14日　東町の自社店舗前にて
（裏表紙）昭和48年　遊部工場内
発　　行　スモールサン出版
〒170-0013
東京都豊島区東池袋2-1-13　第5酒井ビル2階
TEL　03-5960-0227　　FAX　03-5960-0228
E-mail　info@smallsun.jp
URL　http://www.smallsun.jp
発　　売　株式会社　三恵社
〒462-0056　愛知県名古屋市北区中丸町2-24-1
TEL　052-915-5211　FAX　052-915-5019
URL　http://www.sankeisha.com

ISBN 978-4-86487-741-1 C0034 ¥1600E